本书导读
速查内容详解

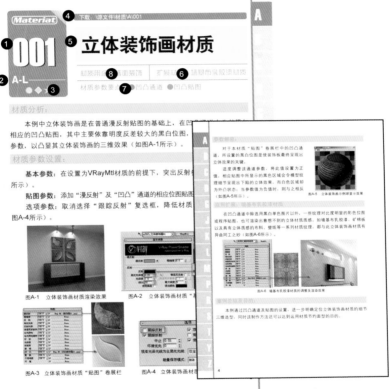

❶ 序号

❷ 字母编号

❸ 知识重点

❹ 相关路径

❺ 常用材质

❻ 扩展材质

❼ 材质要点

❽ 材质用途

附赠内容导读
超值内容详解

本书素材、源文件、贴图、室内材质模板，本书的综合案例（餐厅包间、展示空间）
质管理技巧、灯光篇、建模篇等部分的电子版（PDF格式）及相关下载
请登录中国铁道出版社网站下载（http://www.m.crphdm.com/2019/0401/14058.shtml）

11.6GB
素材与源文件列表
打开各章节文件夹，可得到
各章的素材、源文件

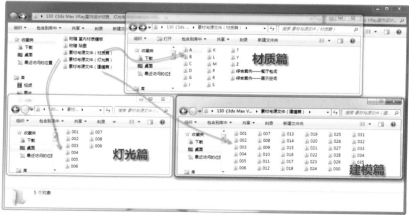

833

贴图

超值附送833张精美贴图

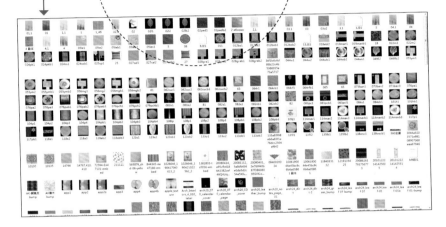

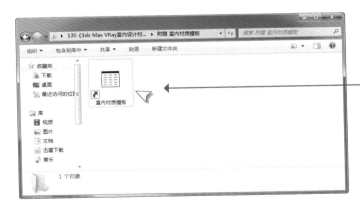

室内材质模板一套

本书的『材质管理技巧』部分将详细讲解其使用方法

序号	009	009	010	010
材质	磨砂玻璃材质	窗玻璃材质	磨砂内嵌图案玻璃材质	彩色内嵌图案玻璃材质
页码	页码：30	页码：31	页码：32	页码：34

常用材质　扩展材质　常用材质　扩展材质

011	011	012	012
冰裂纹玻璃材质	透空圆形地毯材质	龟裂纹玻璃材质	仿旧龟裂漆面材质
页码：35	页码：36	页码：37	页码：38

013	013	014	014
雕花玻璃材质	毛巾材质	彩绘镶花玻璃材质	彩色内嵌图案玻璃材质
页码：39	页码：41	页码：42	页码：44

015	015	016	016
玻璃杯材质	普通玻璃材质	玻璃杯杯口材质	黄金材质
页码：45	页码：46	页码：47	页码：48

序号	025	025	026	026
材质	抛光瓷砖材质	亮釉陶瓷材质	仿古瓷砖材质	哑光不锈钢材质
页码	页码：77	页码：78	页码：79	页码：80

027	027	028	028
玻璃马赛克材质	陶瓷马赛克材质	平铺瓷砖材质	平铺地砖材质
页码：81	页码：82	页码：83	页码：85

029	029	030	030
棋盘格墙砖材质	棋盘格壁纸材质	虚拟灯罩材质	射灯灯片材质
页码：86	页码：87	页码：96	页码：97

031	031	032	032
发光灯罩材质	VR材质包裹器墙面材质	灯带材质	霓虹灯材质
页码：98	页码：99	页码：100	页码：101

常用材质 扩展材质 常用材质 扩展材质

序号 | 033 | 033 | 034 | 034
材质 | 投影幕布材质 | 液晶电视屏幕材质 | 普通地毯材质 | 褶皱沙发布套材质
页码 | 页码：102 | 页码：103 | 页码：105 | 页码：106

035 | 035 | 036 | 036
VR置换地毯材质 | 悬挂毛巾材质 | VR毛发流苏地毯材质 | 椅子流苏边材质
页码：107 | 页码：108 | 页码：109 | 页码：111

037 | 037 | 038 | 038
双色程序地毯材质 | 双色程序装饰板材质 | 透空圆形地毯材质 | 透空植物材质
页码：112 | 页码：113 | 页码：114 | 页码：115

039 | 039 | 040 | 040
VRayHDRI材质（灯光） | VRayHDRI材质（环境） | 亮面不锈钢材质 | 抛光瓷砖材质
页码：124 | 页码：125 | 页码：132 | 页码：133

常用材质　扩展材质　常用材质　扩展材质

序号
材质
页码

049	049	050	050
图案蜡烛材质	VRay红烛材质	蜡烛火焰材质	磨砂内嵌图案玻璃材质
页码：166	页码：167	页码：168	页码：169

051	051	052	052
亮光漆木纹材质	烤漆材质	哑光漆木纹材质	冰裂纹玻璃材质
页码：178	页码：179	页码：180	页码：181

053	053	054	054
木地板材质	平铺木地板材质	哑光暗纹皮革材质	普通地毯材质
页码：182	页码：183	页码：190	页码：191

055	055	056	056
亮光鳄鱼纹漆皮材质	单色压花绒布材质	白色乳胶漆材质	白油漆材质
页码：192	页码：193	页码：201	页码：202

常用材质

扩展材质

常用材质

扩展材质

序号	057	057	058	058
材质	彩色乳胶漆包裹材质	木地板包裹材质	墙基布乳胶漆材质	矿棉板材质
页码	页码：203	页码：204	页码：205	页码：206

059
人造石台面材质
页码：214

059
高光漆木纹材质
页码：215

060
程序拼花石材材质
页码：216

060
双色镶银布料材质
页码：217

061
仿旧墙面材质
页码：218

061
花纹纱帘材质
页码：219

062
鹅卵石材质
页码：220

062
葡萄材质
页码：221

063
文化石材质
页码：223

063
鹅卵石材质
页码：225

064
玉石材质
页码：226

064
简单半透玉石材质
页码：227

序号	065	065	066	066
材质	面包材质	咖啡材质	苹果材质	渐变苹果材质
页码	页码：229	页码：230	页码：231	页码：233

067	067	068	068
香蕉材质	模拟灯罩材质	平纹瓜材质	香肠材质
页码：234	页码：235	页码：236	页码：237

 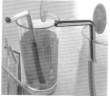  

069	069	070	070
凹纹瓜材质	塑料吸管材质	橙子材质	细胞橙子材质
页码：238	页码：240	页码：241	页码：243

071	071	072	072
樱桃材质	香蕉材质	柠檬材质	哑光漆木纹材质
页码：244	页码：245	页码：246	页码：247

常用材质

扩展材质

常用材质

扩展材质

序号 **材质** **页码**

073
菠萝材质
页码：248

073
模拟藤条材质
页码：250

074
鸡蛋材质
页码：251

074
细胞柠檬材质
页码：252

075
葡萄材质
页码：253

075
冰块材质
页码：256

076
蔬菜材质
页码：257

076
立体装饰画材质
页码：258

077
罐头材质
页码：259

077
黄铜材质
页码：260

078
普通亮面硬塑料材质
页码：262

078
普通哑光软塑材质
页码：263

079
彩色透明塑料材质
页码：264

079
磨砂玻璃材质
页码：265

080
塑钢门窗材质
页码：266

080
普通塑料材质
页码：267

常用材质

扩展材质

常用材质

扩展材质

序号	081	081	082	082
材质	塑料吸管材质	普通蜡烛材质	亮釉陶瓷材质	白色乳胶漆材质
页码	页码：268	页码：269	页码：278	页码：279

083
磨砂陶瓷材质
页码：280

083
单色绒布材质
页码：281

084
模拟藤条材质
页码：283

084
VR置换地毯材质
页码：284

085
红酒材质
页码：293

085
彩色玻璃材质
页码：294

086
啤酒材质
页码：295

086
果汁材质
页码：296

087
咖啡材质
页码：297

087
奶茶材质
页码：298

088
池塘水面材质
页码：299

088
水柱材质
页码：300

序号	089	089	090	090
材质	冰块材质	土壤材质	普通白油漆材质	普通蓝油漆材质
页码	页码：301	页码：302	页码：304	页码：305

091	091	092	092
仿旧龟裂漆面材质	暗纹漆面材质	烤漆玻璃材质	烤漆木料材质
页码：306	页码：307	页码：308	页码：309

093	093	094	094
花瓣材质	渐变花瓣材质	叶子材质	菠萝叶材质
页码：317	页码：318	页码：319	页码：320

095	095	096	096
土壤材质	VR毛发流苏地毯材质	根茎材质	立体丝绒材质
页码：322	页码：324	页码：325	页码：326

097
透空植物材质
页码：327

097
透空叶片材质
页码：328

098
普通书本材质
页码：330

098
塑钢门窗材质
页码：331

099
反射挂画材质
页码：332

099
人造石台面材质
页码：333

100
花纹牛皮纸手提袋材质
页码：334

100
文化石材质
页码：335

综合案例：餐厅包间

综合案例：展示空间

Dd
Dd

3ds Max/VRay

室内设计材质 | 速查手册
灯光与建模 | 典·藏·版

快速+精准+技巧+实战=成就室内设计师之路　张媛媛 编著

中国铁道出版社有限公司

CHINA RAILWAY PUBLISHING HOUSE CO., LTD.

内 容 简 介

　　本书是作者基于计算机室内效果图教学工作中的点滴经验，专门针对室内效果图中的模型材质塑造及灯光、建模方法，精心编写的一本材质、灯光与建模资源覆盖面颇广且极易速查的工具用书。该书在确保辅助读者熟练操控软件内在命令的同时，更加注重常用材质、灯光与建模制作原理及相关实战技巧的积累。通过模仿书中所总结的经典实体范例，博众之长，补己之短，加以归纳，进而可以为广大计算机室内效果图操作水平处于初、中级阶段的读者朋友指点迷津。

　　由于篇幅有限，本书的综合案例（餐厅包间、展示空间）、材质管理技巧、灯光篇、建模篇等部分，制作成了电子版（PDF 格式），更方便阅读及查阅。可登录中国铁道出版社有限公司网站下载（http://www.m.crphdm.com/2019/0401/14058.shtml）。

　　同时本书配套下载中还赠有同步的素材资料及各种室内材质模板，可以辅助读者进行逐一对照训练，可见，不仅适用于对室内效果图制作感兴趣的读者使用，也可作为相关专业电脑设计培训机构的使用教材。

图书在版编目（CIP）数据

3ds Max/VRay室内设计材质、灯光与建模速查手册：典藏版/张媛媛编著.—北京：中国铁道出版社有限公司,2019.6
　　ISBN 978-7-113-25685-2

　　Ⅰ.①3… Ⅱ.①张… Ⅲ.①室内装饰设计-计算机辅助设计-三维动画软件-手册 Ⅳ.①TU238-39

中国版本图书馆CIP数据核字（2019）第064639号

书　　名：3ds Max/VRay 室内设计材质、灯光与建模速查手册（典藏版）
作　　者：张媛媛

责任编辑：张亚慧　　　　　　　　读者热线电话：010-63560056
责任印制：赵星辰　　　　　　　　封面设计：MXK DESIGN STUDIO

出版发行：中国铁道出版社有限公司（100054，北京市西城区右安门西街 8 号）
印　　刷：北京柏力行彩印有限公司
版　　次：2019 年 6 月第 1 版　2019 年 6 月第 1 次印刷
开　　本：880 mm×1 230 mm　1/32　印张：11.25　插页：8　字数：399 千
书　　号：ISBN 978-7-113-25685-2
定　　价：49.00 元

现如今，利用计算机软件制作室内效果图虽然已经是一种极为普遍的表达形式，其快速、精准等诸多优势早已令它在众多的设计表达形式中独占鳌头，但是，成功塑造其中各种材质质感才是决定整体图面效果及设计表达的关键。因此，在短时间内提高室内效果图制作的秘籍便是攻克材质调整这一难关的有力武器。

本书将室内常见材质的调整技巧与便捷查找等特点集于一身，并辅以灯光、建模的常见方法和实用技巧。其中，不仅包罗室内效果图中较为常用的材质类型，如：木材、瓷砖等，而且一些较为稀少的贴图材质（如水果及复合材质）等也涵盖于其中，源材质及衍生材质共100余种。可见，其整体覆盖领域甚广，且每项材质案例都有所拓展，同时近似材质用综合性案例加以归纳总结，由浅及深地将材质制作菜单中相对枯燥的命令与实践操作应用融会贯通；进而使读者可以在深入理解材质制作原理的基础上，迅速达到举一反三、触类旁通的境界。为了方便读者更好制作室内效果图，本书提供40多种灯光和建模的方法。

由于篇幅有限，本书的综合案例（餐厅包间、展示空间）、材质管理技巧、灯光篇、建模篇等部分，制作成了电子版（PDF格式），更方便阅读及查阅。可登录中国铁道出版社有限公司网站下载（http://www.m.crphdm.com/2019/0401/14058.shtml）。

此外，本书基于3ds Max 2009（灯光、建模部分基于3ds Max 2015）、V-Ray Adv 1.50 SP2操作平台，语言精练，信息丰富，数据翔实，综合其速查智能及编排合理等多方面特征，可以快速有效地帮助读者在材质制作上以解燃眉之急，同时本书版面安排紧凑，便于携带及翻阅，更是一本极为实用的材质、灯光、建模制作工具用书。

众所周知，提高计算机室内效果图材质制作水平并非一朝一夕之事，在制图的过程中读者朋友可以通过模仿本书中所总结的经典材质灯光、建模范例，博众之长，补己之短，加以归纳，进而快速提升效果图制作水平。

笔者在编撰此书时，结合近十年的授课经验，不仅结合书稿图文资料配以素材及源文件下载，而且从中还总结出100余例的素材调整模板及贴图，可供广大读者进行对比调试，以便迅速有效地掌控难点材质的调整技巧。

本书主要由天津城建大学城市艺术学院张媛媛编著，同时在编写的过程中城市艺术学院的广大师生对于本书的部分插图也给予了鼎力支持，在此表示由衷感谢！

在编写过程中，笔者始终恪守严谨的工作职责，但由于时间加之自身水平有限，书中难免存有欠妥之处，故此敬请广大读者及专业人士给予及时的指正、批评。

编　者
2019年3月

I

陈设品装饰

材质用途	序号	常用材质	

蜡烛

陈设品装饰	048	普通蜡烛材质	……… 164
陈设品装饰	049	图案蜡烛材质	……… 166
陈设品装饰	050	蜡烛火焰材质	……… 168

食物饮料

陈设品装饰	065	面包材质	……… 229
陈设品装饰	074	鸡蛋材质	……… 251
陈设品装饰	066	苹果材质	……… 231
陈设品装饰	067	香蕉材质	……… 234
陈设品装饰	070	橙子材质	……… 241
陈设品装饰	071	樱桃材质	……… 244
陈设品装饰	072	柠檬材质	……… 246
陈设品装饰	073	菠萝材质	……… 248
陈设品装饰	075	葡萄材质	……… 253
陈设品装饰	076	蔬菜材质	……… 257
陈设品装饰	068	平纹瓜材质	……… 236
陈设品装饰	069	凹纹瓜材质	……… 238
陈设品装饰	085	红酒材质	……… 293
陈设品装饰	086	啤酒材质	……… 295
陈设品装饰	087	咖啡材质	……… 297
陈设品装饰	089	冰块材质	……… 301
陈设品装饰	077	罐头材质	……… 259

植物

陈设品装饰	093	花瓣材质	……… 317
陈设品装饰	094	叶子材质	……… 319
陈设品装饰	095	土壤材质	……… 322
陈设品装饰	096	根茎材质	……… 325
陈设品装饰	097	透空植物材质	……… 327
陈设品装饰	084	模拟藤条材质	……… 283
陈设品装饰	088	池塘水面材质	……… 299

塑料

陈设品装饰	078	普通亮面硬塑料材质	……… 262
陈设品装饰	079	彩色透明塑料材质	……… 264
陈设品装饰	081	塑料吸管材质	……… 268

陶瓷

| 陈设品装饰 | 082 | 亮釉陶瓷材质 | ……… 278 |
| 陈设品装饰 | 083 | 磨砂陶瓷材质 | ……… 280 |

材质篇

A——凹凸装饰材质

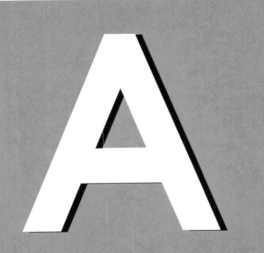

凹凸装饰材质 001-002

　　凹凸装饰材质是利用明度对比凸显的黑白贴图，来表现凹凸纹理，以弥补单纯漫反射贴图中立体质感欠缺的遗憾，其渲染效果不仅与结构造型自然匹配，而且节约面型数量，其方法科学合理。

序　号	字母编号	知识等级	用　途	常用材质	扩展材质
001	A-L	◆	墙面装饰	立体装饰画材质	墙基布乳胶漆材质
002	A-K	●	顶部装饰	矿棉板材质	粗糙仿古瓷砖材质

　　标有"●"标记的材质：室内效果图中常见材质。
　　标有"◆"标记的材质：室内效果图中技巧材质。
　　标有"★"标记的材质：室内效果图中难点材质。

Material

001

A-L

● ◆ ★

立体装饰画材质

| 材质用途：墙面装饰 | 扩展材质：墙基布乳胶漆材质 |

材质参数要点： ●凹凸通道 ●凹凸贴图

材质分析：

本例中立体装饰画是在普通漫反射贴图的基础上，在凹凸通道中为其添加相应的凹凸贴图，其中主要依靠明度反差较大的黑白位图，配合提升凹凸通道参数，以凸显其立体装饰画的三维效果（如图A-1所示）。

材质参数设置：

基本参数： 在设置为VRayMtl材质的前提下，突出反射参数细节（如图A-2所示）。

贴图参数： 添加"漫反射"及"凹凸"通道的相应位图贴图（如图A-3所示）。

选项参数： 取消选择"跟踪反射"复选框，降低材质当前反射效果（如图A-4所示）。

图A-1　立体装饰画材质渲染效果

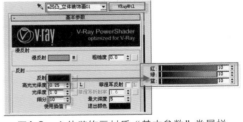

图A-2　立体装饰画材质"基本参数"卷展栏

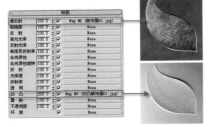

图A-3　立体装饰画材质"贴图"卷展栏

图A-4　立体装饰画材质"选项"卷展栏

5

参数解密：

对于本材质"贴图"卷展栏中的凹凸通道，所设置的黑白位图是使装饰板最终呈现出立体效果的关键。

适度调整该通道参数，将此值设置为正值，相应贴图中所显示的黑色区域会令模型纹理细节呈现出下陷的立体效果，而白色区域却为外凸状态；当参数值为负值时，则与之相反（如图A-5所示）。

图A-5 立体装饰画示例球显示效果

应用扩展：墙基布乳胶漆材质

在凹凸通道中除选用黑白单色图片以外，一些纹理对比度明显的彩色位图或程序贴图，也可渲染出意想不到的立体材质质感。如墙基布乳胶漆、矿棉板以及具有立体质感的布料、壁纸等一系列材质纹理，都与此立体装饰画材质有异曲同工之妙（如图A-6所示）。

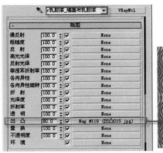

图A-6 墙基布乳胶漆材质的调整及渲染效果

案例总结及目的：

本例通过凹凸通道及贴图的设置，进一步明确定位立体装饰画材质的细节三维造型，同时该制作方法还可以达到运用材质节约面型的目的。

002

A-K

● ◆ ★

矿棉板材质

| 材质用途：顶部装饰 | 扩展材质：粗糙仿古瓷砖材质 |

材质参数要点： ●反射参数 ●凹凸通道

材质分析：

作为室内空间顶部装饰材料的矿棉板材质，在公共空间中较为常见。虽然其自身色彩变换趋于平淡，但整体图样随材质立体质感的变化而丰富多样。所以，针对其制作方法而言，也是相应要强调其凹凸通道及贴图的设置（如图A-7所示）。

图A-7　矿棉板材质渲染效果

材质参数设置：

基本参数：在设置为VRayMtl材质的前提下，调整反射参数（如图A-8所示）。

图A-8　矿棉板材质"基本参数"卷展栏

贴图参数：为"漫反射"及"凹凸"通道添加相应的位图贴图（如图A-9所示）。

选项参数：取消选择"跟踪反射"复选框，以模拟矿棉板材质的微弱反射效果（如图A-10所示）。

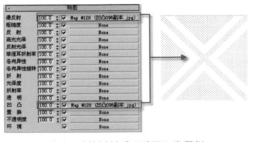

图A-9　矿棉板材质"贴图"卷展栏　　　　图A-10　矿棉板材质"选项"卷展栏

参数解密：

毋庸置疑，本材质最终图样能够呈现出立体质感，是由于"贴图"卷展栏下凹凸通道中所添加的位图所致，但其"基础参数"卷展栏中的"反射"参数的设置，也是成功模拟矿棉板材质质感的亮点。适当降低"高光光泽度"与"反射光泽度"的参数，可以在增加表面粗糙度的同时，适度减少高光现象（如图A-11所示）。

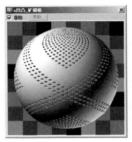

图A-11　矿棉板材质示例球显示及细节渲染效果

应用扩展：粗糙仿古瓷砖材质

实际上，应用同样的原理在室内效果图材质制作的过程中，还有许多材质的编辑方法与此种矿棉板材质近似。如地面或墙面的砖缝，尤其对于那些细小却又大批量重复的凹凸纹理，运用凹凸通道配合相应贴图设置的方法表现，会比单纯模型创建节约许多面型与渲染时间（如图A-12所示）。

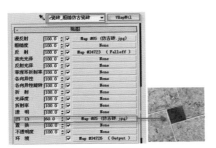

图A-12　粗糙仿古瓷砖材质砖缝细节调整及渲染效果

※ 小贴士：虽然凹凸通道适用于模拟模型表面细节的立体变化，但由于凹凸贴图所产生的立体效果其光影的方向角度有不可变性。所以对于制作场景中重点表现的主物体，如毛巾材质，其表面的物理起伏变化则更适用于添加适度的置换效果（如图A-13所示）。

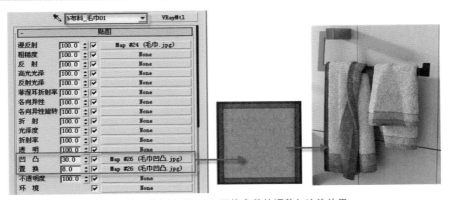

图A-13　毛巾材质凹凸、置换参数的调整与渲染效果

案例总结及目的：

　　通过本例矿棉板材质的制作，使读者准确掌握运用纹理位图来制作造型表面较为粗糙的凹凸技巧，同时配合一定的光线渲染处理，从而实现模拟模型表面立体细节的目的。

A

篇后点睛（A）

——凹凸装饰材质

下载：\源文件\A\篇后点睛（A）——凹凸装饰材质

材质总结：

凹凸装饰材质的生成原理源自对物体与光源结合的应用效应。当从任何非边缘的方向对物体进行观察时，我们所看到物体的细节通常是由其表面的光照方式来决定的。所以利用凹凸贴图模拟凹凸装饰材质，就是通过用3D软件的方式来实现图形真实感的方法之一，这种方法亦是时下计算机图形学习的主流发展方向（如图A-14所示）。

图A-14　凹凸装饰材质渲染效果

材质难点：

理解凹凸装饰材质参数设计实则不难，无非纠结在"凹凸"通道的相应位图贴图上，无论单纯黑白贴图还是对比度明显的彩色位图，甚至复杂的程序贴图，只要将其应用于此都会使材质呈现出起伏微妙的立体效果。即使在"漫反射"通道中未曾赋予任何贴图，只是微调色彩，同样可以达到事半功倍的奇效。如在当前装饰市场中极为盛行的"砂岩浮雕"材料，模拟其流畅的凹凸造型，想必除选用凹凸装饰材质以外，再无更好的选择了（如图A-15所示）。

图A-15 砂岩浮雕材质"贴图"卷展栏

图A-16 砂岩浮雕材质"选项"卷展栏

核心技巧：

"凹凸"通道赋予相应位图贴图及设置参数，无疑是实现凹凸立体的核心，贴图对比度及凹凸参数的大小都是成就模型最终立体效果的根源。但是，由于材质属性差异，每个材质也有其自身的个性，如：砂岩浮雕材质，表现该

11

材质的表面毫无反射的粗糙质感同样不能忽视，可见取消"跟踪反射"选项，势在必行（如图A-16所示）。此外，在"漫反射"通道中虽无贴图，但恰当颜色调整所呈现出的效果也完全可以与真实砂岩浮雕像相比拟（如图A-17所示）。

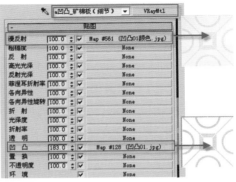

图A-17　砂岩浮雕材质"基本参数"卷展栏　　　图A-18　矿棉板（细节）材质"贴图"卷展栏

技术优势：

　　制作模型表面的凹凸肌理，传统的纹理贴图技术只能将平面贴图机械地附着在物体表面，无法表达出物体表面的细节起伏变化；而此处所涉及的凹凸贴图则是采用一种更为写实的处理方式：即在未改变模型段数细节的基础上，在标准表面纹理贴图上再映射一层凹凸纹理，两层纹理内容虽然相同或相似，但位置相错。

　　所谓错位程度则是由该材质的深度参数和相应产生光影效果的光源位置综合效应来决定。如：矿棉板材质，细节的造型层次完全成就于两层图案相错的贴图（如图A-18所示）。当光源或视角发生改变时，相应两层纹理贴图之间的对应位置也会随之发生变化，以确保正确的透视及比例关系。

　　故此，仅此资源占用率极少这一优势，便是凹凸贴图区别于其他创建凹凸或立体曲面等模型方法的独有亮点，这也正是考验广大读者能否深入理解凹凸装饰材质，进而活用凹凸贴图举一反三的关键。

B——背景材质
B——壁纸材质
B——玻璃材质
B——布料材质

背景材质

背景材质在这里是指从窗口观察的室外背景材质。虽然室外背景可通过后期处理软件（Photoshop）进行添加，但是此材质作为室内效果图制作的常用材质，其制作方法是制作人员必须掌握的。

此材质从外表看，只是将普通的景象位图进行添加便可，实则不然。因为透过通透的窗玻璃，如何将场景位图的光亮效果表现出来，才是此处的学习重点。

序　号	字母编号	知识等级	用　途	常用材质	扩展材质
003	B-C-R	●	窗外配景	窗外日景材质	窗外夜景材质

Materiat

003

B·C·R

● ◆ ★

下载：\源文件\材质\B\003

窗外日景材质

材质用途：窗外配景 | 扩展材质：窗外夜景材质

材质参数要点：●VR材质包裹器 ●VR灯光

材质分析：

对于室内效果图中的窗外背景材质而言，窗外背景位图与场景观察视角的透视关系，是考虑的首要前提，这一点毋庸置疑。

除此之外，背景图像的光亮效果更是制作难点。就此，对于阳光明媚的室外日景来讲尤为重要（如图B-1所示）。但即便如此，灯火阑珊的室外夜景，也同样需要适度光效的点缀，从而才能成为室内场景中不可或缺的一隅景致。

图B-1 窗外日景材质渲染效果

材质参数设置：

基本参数：将材质类型设置为"VR材质包裹器"材质，调整相关参数（如图B-2所示）。

图B-2 窗外日景材质"VR材质包裹器参数"卷展栏

※ 小贴士："基本材质"选项在此主要用于添加相应背景图像，但此材质必须是VRay渲染器所支持的材质类型，因此选择VRayMtl材质。

参数解密：

窗外背景材质的编辑要点，在于其包裹材质的"产生全局照明"与"接收全局照明"参数设置上，两个参数都是设置关于当前背景物体是否计算GI光照的产生，通过提高参数以控制GI的倍增数量，以凸显窗外背景材质光亮的渲染效果（如图B-3所示）。

图B-3　窗外日景材质示例球显示效果

应用扩展：窗外夜景材质

利用"VR材质包裹器"制作窗外背景材质其编辑方法看似复杂，实际上内在原理无非是想让其渲染效果更为光亮，以更好地为整体图面增强烘托力。所以，对于此类材质，如窗外夜景材质的编辑还可使用"VR灯光"材质进行模拟，同样可以做到事半功倍（如图B-4所示）。

图B-4　窗外夜景"VR灯光"材质"参数"卷展栏

※ 小贴士：背景贴图与窗口模型的位置关系固然重要，但表现窗外夜景效果，还应在原有位图基础上为其适度添加模糊效果，以增进夜晚灯光幻影的朦胧质感（如图B-5所示）。

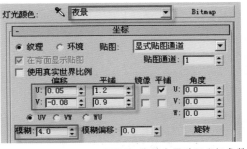 

图B-5　窗外夜景贴图坐标参数及渲染效果

案例总结及目的：

本例窗外背景材质主要是通过"VR材质包裹器"与"VR灯光"材质，将背景位图进行亮化处理，从而将窗外背景的虚拟光照景象与室内实体光照更好地结合，以达到内外统一的最终目的。

壁纸材质 —————— 004-005

　　壁纸材质是室内设计效果图中较为常见的材质之一，由于其具备多样的色彩纹理及易清洁的特性，所以，现如今在装饰市场上它已完全可以与墙面乳胶漆来抗衡。该材质的制作方法无论其纹理色彩，随位图及自拟程序如何多变，始终都应把突出个体壁纸材质的自身属性放于首位，从而才能渲染出图样丰富且质感逼真的壁纸材质。

序　号	字母编号	知识等级	用　途	常用材质	扩展材质
004	B-P-B	●	墙面装饰	普通壁纸材质	花纹绒布材质
005	B-S-L	◆	墙面装饰	双色立体壁纸材质	双色程序地毯材质

下载：\源文件\材质\B\004

普通壁纸材质

材质用途：墙面装饰 | 扩展材质：花纹绒布材质

材质参数要点：●砂面凹凸胶性 ●衰减类型

材质分析：

本例所表现的是最为普遍的壁纸材质，其自身属性为反射较弱的纸质材质。结合场景中周围环境对该材质的影响，在制作时首先要缩减相应反射参数，同时再配合光照的作用，使用衰减设置以模拟壁纸材质略带绒毛质感的柔光特性（如图B-6所示）。

图B-6 普通壁纸材质渲染效果

材质参数设置：

基本参数：保持Standard材质的基础上，调整基本参数（如图B-7所示）。

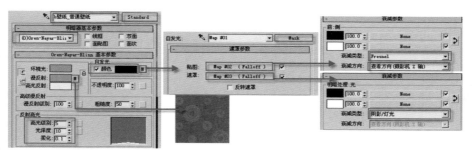

图B-7 普通壁纸材质"基本参数"卷展栏

※ 小贴士：注意不同遮罩通道中的衰减类型，必要时可使用衰减的"混合曲线"进行适度调整，以增强绒布的质感（如图B-8所示）。

调整壁纸材质首先要将"砂面凹凸胶性"（Oren-Nayar-Blinn）设置为该材质的明暗器基本属性，同时在其"自发光"通道中通过设置"遮罩"贴图，以将不同类型的"衰减"变化表现得更为逼真（如图B-9所示）。

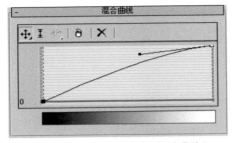

图B-8　普通壁纸材质衰减"混合曲线"　　　图B-9　普通壁纸材质示例球显示效果

应用扩展：花纹绒布材质

壁纸材质的自身属性与布料材质（尤其是绒布）无论是在视觉效应还是外在触觉上都极为相似，甚至从某种意义上也可将其归为壁纸材质。其实绒布材质与壁纸材质的制作方法是非常相似的，只是在其"衰减类型"上稍有偏差（如图B-10所示）。

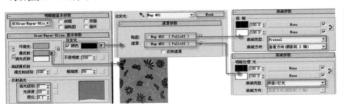

图B-10　花纹绒布材质的调整及渲染效果

案例总结及目的：

本例通过在"自发光"通道中，巧妙运用"遮罩"及"衰减"贴图，以进一步深入了解不同衰减类型的实际功效，但更为重要的是使读者通过制作该材质，明确掌握刻画壁纸材质表面柔光反射的特殊质感技巧。

Material

005

B-S-L
● ◆ ★

双色立体壁纸材质

| 材质用途：墙面装饰 | 扩展材质：双色程序地毯材质 |

材质参数要点：●衰减贴图　●混合贴图　●凹凸贴图

材质分析：

如今装饰市场上有种类繁多的壁纸材质，双色立体壁纸材质便是其中的典型代表。此材质不仅保留了普通壁纸柔光质感，而且在此基础上其立体及自创色彩的特性更是令人瞩目（如图B-11所示）。

图B-11　双色立体材质渲染效果

材质参数设置：

基本参数：在设置为VRayMtl材质的前提下，适度添加反射效果（如图B-12所示）。

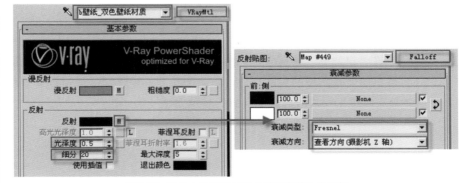

图B-12　双色立体壁纸材质"基本参数"卷展栏

双向反射分布函数：结合反射效果，调整其高光方向（如图B-13所示）。

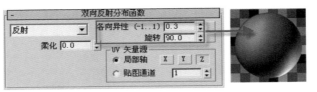

图B-13 双色立体壁纸材质"双向反射分布函数"卷展栏

贴图参数：为"漫反射"、"反射"、"凹凸"通道添加相应贴图设置（如图B-14所示）。

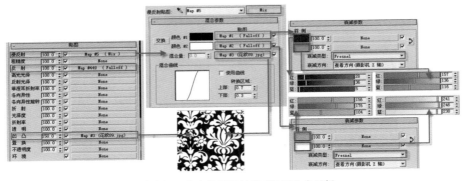

图B-14 双色立体壁纸材质"贴图"卷展栏

双色立体壁纸材质其自身材质属性，仍然保持固有的绒质柔光质感，所以仍然使用"衰减"贴图形式以增强其光亮的特性。但重点在于，该材质可以通过其漫反射通道中混合贴图的黑白位图，将材质色彩的调整发挥到极致（如图B-15所示）。

图B-15 双色立体壁纸材质示例球显示效果

使用同样的材质调整方法，可以将此类材质应用到更多的领域。如双色程序地毯材质，以及具有双色图案特征的任意装饰材质。只不过其立体质感上会根据其内在原理有所区别，在凹凸通道的作用下，两种色彩在保持呼应色调的基础上，最终渲染出凸显其立体造型重量质感的逼真材质（如图B-16所示）。

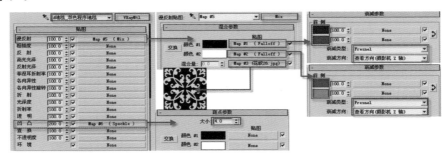

图B-16　双色程序地毯材质的调整及渲染效果

案例总结及目的：

　　通过本例双色立体壁纸材质的制作，使读者掌握立体凹凸质感材质的制作方法，同时通过衰减贴图的调整，进一步掌握混合贴图的制作原理，以达到结合相应图案调整材质色彩更为自由的目的。

玻璃材质 —————— 006-017

　　不同种类玻璃的实际功效会由以往的外在单一功能性，逐步向内敛装饰性转化。即便如此，无论形式如何多样的玻璃材质，其制作要点始终不可脱离"折射"参数的相关设置。同时，在此基础上，还应综合光影的变化，才能渲染出酷似真实的玻璃材质。

序　号	字母编号	知识等级	用　途	常用材质	扩展材质
006	B-P-Q	●	家具装饰	普通清玻璃材质	单色纱帘材质
007	B-C-B	●	窗户装饰	窗玻璃材质	普通清玻璃材质
008	B-S-B	●	家具装饰	彩色玻璃材质	彩色透明塑料材质
009	B-M-B	●	家具装饰	磨砂玻璃材质	窗玻璃材质
010	B-M-N	★	家具装饰	磨砂内嵌图案玻璃材质	彩色内嵌图案玻璃材质
011	B-B-W	◆	家具装饰	冰裂纹玻璃材质	透空圆形地毯
012	B-G	◆	家具装饰	龟裂纹玻璃材质	仿旧龟裂漆面材质
013	B-D-B	◆	家具装饰	雕花玻璃材质	毛巾材质
014	B-C-X	★	家具装饰	彩绘镶花玻璃材质	彩色内嵌图案玻璃
015	B-B	●	陈设品装饰	玻璃杯材质	普通玻璃材质
016	B-B-B	●	陈设品装饰	玻璃杯杯口材质	黄金材质
017	B-B-J	●	陈设品装饰	玻璃酒瓶材质	磨砂玻璃酒瓶材质

006

B-P-Q

● ◆ ★

下载：\源文件\材质\B\006

普通清玻璃材质

材质用途：家具装饰	扩展材质：单色纱帘材质

材质参数要点： ●反射参数 ●折射参数
●漫反射颜色 ●烟雾颜色

材质分析：

普通清玻璃材质是所有玻璃材质中，剔透质感最为明显的一种，相对清晰的反射效果，同时配合相应的折射率，场景中的所有物体将会在普通清玻璃材质的映射下一览无遗。

但是即便如此，也需要对此材质表面的"反射"质感添加适当的"光泽度"（如图B-17所示）。

图B-17　普通清玻璃材质渲染效果

材质参数设置：

基本参数：在设置为VRayMtl材质的前提下，适度添加反射与折射效果（如图B-18所示）。

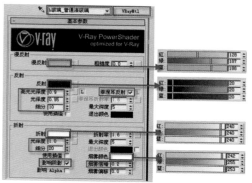

图B-18　普通清玻璃材质"基本参数"卷展栏

※ 小贴士："影响阴影"选项是各种透明物体渲染真实阴影的关键点，但其应用前提则是对VRay灯光或者VRay阴影才会奏效。

　　普通清玻璃材质其中的参数制作要点，在不同区域的颜色设置应更为精准，其中"漫反射"与"烟雾颜色"则是凸显玻璃自身真实色彩感的关键。除此之外，还有"折射"色块和"折射光泽度"更是渲染出晶莹剔透属性的秘籍（如图B-19所示）。

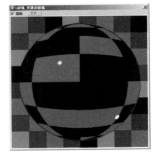

图B-19　普通清玻璃材质示例球显示效果

　　普通清玻璃材质其制作过程较为简单，其中的基本参数设置便是全部的制作要点，比如：单色纱帘材质在部分参数的调整时，与普通清玻璃材质十分相似，如其中的"菲涅耳反射"选项、"影响阴影"选项等，但两者的"折射率"则是区别真实玻璃材质与窗纱材质的内在原因（如图B-20所示）。

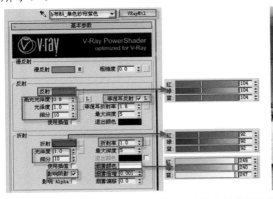

图B-20　单色纱帘材质的调整及渲染效果

　　本例中该材质主要是通过调整材质基本参数的相关设置，来模拟现实场景中的普通清玻璃，其中配合折射参数为其添加相应的"菲涅耳反射"效果，则是为了更加真实地表现其相应的材质质感，同时以达到从理性角度准确理解折射参数与透明效果的必然联系。

Material

007

B-C-B

● ◆ ★

窗玻璃材质

| 材质用途：窗户装饰 | 扩展材质：普通清玻璃材质 |

材质参数要点：●反射参数 ●折射参数 ●衰减贴图

材质分析：

本例中的窗玻璃材质其主要的服务对象为室内大面积的户外窗模型。无论是为表现夜晚，还是阳光明媚的光线效果，其户外窗玻璃材质都会在自身略带有细微粉尘的基础上，透过户外的美景，适当地反射出室内空间中相应的实体模型，从而将窗玻璃材质表现得栩栩如生（如图B-21所示）。

图B-21　窗玻璃材质渲染效果

材质参数设置：

基本参数：将材质更改为VRayMtl材质的基础上，调整基本参数（如图B-22所示）。

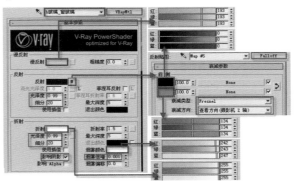

图B-22　窗玻璃材质"基本参数"卷展栏

参数解密：

　　若隐若现的反射效果，是窗玻璃区别于其他玻璃材质的最明显视觉特征，所以利用具有衰减变化的反射贴图来模拟窗玻璃特有的反射效果，这也是该材质制作的诀窍。同时，略微降低"反射"与"折射"的光泽度，以强调玻璃与室内外物体的距离感（如图B-23所示）。

图B-23　窗玻璃材质示例球显示效果

应用扩展：普通清玻璃材质

　　本例窗玻璃材质在整体参数设置选项与普通清玻璃比较相似，只是在其个别细节数值上略有偏差，如"烟雾颜色"与"烟雾倍增"的配比力度上，以及"反射"与"折射"光泽度设置细节处。对比以上诸项的参数，便能充分地体现这两种玻璃材质由于角色的转换，而导致其细节处不同的渲染效果（如图B-24所示）。

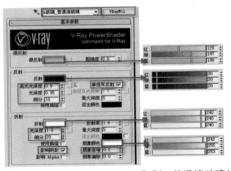

图B-24　普通清玻璃材质的调整及渲染效果

案例总结及目的：

　　本例窗玻璃材质是基于"普通清玻璃"材质的基础，进一步深入地刻画其反射效果的杰出代表，通过"衰减"反射特效的制作，以达到切实理解"窗玻璃"材质反射的内在原理的目的。

008

B-S-B

● ◆ ★

彩色玻璃材质

| 材质用途：家具装饰 | 扩展材质：彩色透明塑料材质 |

材质参数要点： ●菲涅耳反射　●烟雾颜色　●烟雾倍增

材质分析：

彩色玻璃材质区别于其他玻璃材质的最大亮点是其绚丽夺目的色彩。虽然颜色不同，但是任何彩色玻璃都是在光效的折射影响下，才可将通透的玻璃质感与斑斓的色彩结合得天衣无缝（如图B-25所示）。

图B-25　彩色玻璃材质渲染效果

材质参数设置：

基本参数：将材质更改为VRayMtl材质，调整其基本参数（如图B-26所示）。

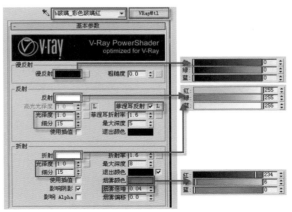

图B-26　彩色玻璃材质"基本参数"卷展栏

参数解密：

　　在夸张反射与折射效果的同时，务必选择"菲涅耳反射"选项，这样才能在渲染出真实的透明质感的基础上，配合"烟雾颜色"与"烟雾倍增"的参数比例，将特定的颜色更为理想地指定给折射材质（如图B-27所示）。

图B-27　彩色玻璃材质示例球显示效果

应用扩展：彩色透明塑料材质

　　彩色玻璃材质在制作方法上与彩色透明塑料材质有几分相似。在材质的"烟雾颜色"与"烟雾倍增"原理上两者几乎相差无几，但毕竟是两种不同的材质质感，其中"反射"与"折射"参数的细节变化就是差距的关键（如图B-28所示）。

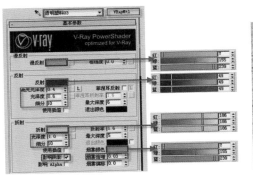

图B-28　彩色透明塑料材质的调整及渲染效果

案例总结及目的：

　　通过学习彩色玻璃材质的编辑技巧，读者应从其基本参数的设置细节掌握制作透明材质色彩的内在原理，同时对其进一步深化理解，从而达到举一反三的目的。

Materiat

009

B-M-B

● ◆ ★

下载：\源文件\材质\B\009

磨砂玻璃材质

材质用途：**家具装饰** | 扩展材质：**窗玻璃材质**

材质参数要点：●折射光泽度 ●衰减贴图

材质分析：

　　磨砂玻璃材质，又叫毛玻璃，是在普通清玻璃的基础上，经机械喷砂或手工研磨或氢氟酸溶蚀等方法处理形成的。由于材质表面较为粗糙，所以在光线的漫反射下，即使透光也可将光线过滤得更柔和而不刺目，因此该材质的"折射"与"反射"参数的设置便显得格外重要（如图B-29所示）。

图B-29　磨砂玻璃材质渲染效果

材质参数设置：

　　基本参数：在设置为VRayMtl材质的前提下，调整基本参数（如图B-30所示）。

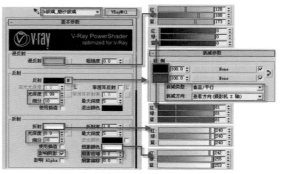

图B-30　磨砂玻璃材质"基本参数"卷展栏

※ **小贴士：**为增强磨砂玻璃的真实质感，可为其"漫反射"与"烟雾颜色"区域适当添加色彩设置，但注意要与"折射"光泽度协调，可通过"烟雾倍增"来模拟色彩的真实感。

A B C D G J K L M P R S T Y Z

参数解密：

磨砂玻璃材质的渲染重点在"磨砂"二字上，由于磨砂的颗粒质感非常细小，所以只将折射参数中的"光泽度"降低即可，这里只调整为0.9，同时配合"衰减"反射，以模拟磨砂玻璃材质表面的喷砂研磨效果（如图B-31所示）。

图B-31　磨砂玻璃材质示例球显示效果

应用扩展：窗玻璃材质

磨砂玻璃材质与窗玻璃材质在制作方法上存在许多共同点，最为明显的便是衰减反射设置，以及不同区域的颜色设置，即使色彩不同，但是其内在原理还是关联相通的（如图B-32所示）。

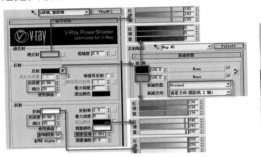

图B-32　窗玻璃材质的调整及渲染效果

※ 小贴士：即使是相对磨砂玻璃材质更为清透的窗玻璃，其折射区域的"光泽度"参数也应在默认为1的基础上稍微降低，以更为真实地观察室外景象。

案例总结及目的：

本例通过对磨砂玻璃材质的学习，使读者更进一步地理解VRayMtl材质基本参数卷展栏的相关命令，尤其对"反射"与"折射"效果的区别，同时深入体会到对于透明物体不同"光泽度"设置的重要意义。

Materiat

010
B-M-N
● ◆ ☆

磨砂内嵌图案玻璃材质

| 材质用途：家具装饰 | 扩展材质：彩色内嵌图案玻璃材质 |

材质参数要点： ● 多维/子对象 ● 混合材质

材质分析：

磨砂内嵌图案玻璃材质看起来较前几种玻璃材质的编辑方法会稍有难度，但实际上该材质只是将普通清玻璃材质与磨砂玻璃材质，巧妙地运用遮罩混合形式合二为一的组合体，根据不同的图案形式，以形成更具层次关系的玻璃材质。因此该材质多用于屏风、玄关的遮挡物之上，以发挥其半通透的功效（如图B-33所示）。

材质参数设置：

多维/子对象参数：将其设置为"多维/子对象"材质，分别指定给相应面型（如图B-34所示）。

图B-33　磨砂内嵌图案玻璃材质渲染效果

图B-34　磨砂内嵌图案玻璃材质"多维/子对象"卷展栏

※ 小贴士：选用"多维/子对象"材质，是由于玻璃材质自身的通透性，所以决定了该物体只需一面赋予图案材质即可将达到既通透，又不失清楚显示内嵌图案的目的。

图案玻璃材质其混合参数：将ID为1的子对象材质设置为"图案玻璃"，调整相关混合参数（如图B-35所示）。

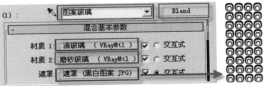

图B-35 图案玻璃材质"混合基本参数"卷展栏

清玻璃材质基本参数：将ID为2的子对象材质与"混合"材质1都设置为"清玻璃"，并调整相关基本参数（如图B-36所示）。

磨砂玻璃材质基本参数：为"混合"材质2的"磨砂玻璃"调整相关基本参数。（如图B-37所示）

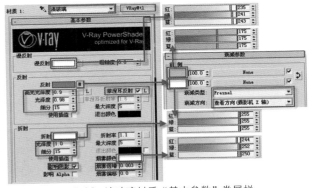

图B-36 清玻璃材质"基本参数"卷展栏

图B-37 磨砂玻璃材质"基本参数"卷展栏

磨砂内嵌图案玻璃材质之所以能够逼真地显现于场景之中，其中"混合"材质是关键点。利用"遮罩"贴图可以轻松地将"磨砂玻璃"与"清玻璃"材质进行合理有效地组合分配（如图B-38所示）。

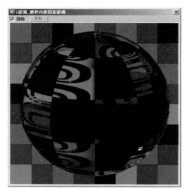

图B-38　磨砂内嵌图案玻璃材质示例球显示效果

应用扩展：彩色内嵌图案玻璃材质

应用制作磨砂内嵌图案玻璃材质的原理，结合不同的遮罩贴图以及各异的玻璃质感，还可制作出视觉效果更为丰富的玻璃材质，如：彩色内嵌图案玻璃；乃至将其拓展至更加丰富的领域，如：花纹纱帘材质等（如图B-39所示）。

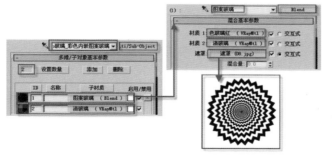

图B-39　彩色内嵌图案玻璃材质的调整及渲染效果

案例总结及目的：

通过学习本例磨砂内嵌图案玻璃材质的制作方法，使读者对"多维/子对象"材质有初步了解，同时进一步明确了混合材质的逻辑关系，以创造出更为多样的混合图案材质模拟效果。

冰裂纹玻璃材质

材质用途：家具装饰	扩展材质：透空圆形地毯材质

材质参数要点： ●不透明度通道 ●反射通道 ●折射通道

材质分析：

冰裂纹玻璃应该属于夹层玻璃的一种，它是由两层普通玻璃中间夹一层经特殊处理后形成的冰花状碎裂玻璃制作而成的。其随机的肌理效果作为玻璃材质的透光屏障，既可以增进玻璃材质本身的渲染魅力，也对随之所产生的阴影效果施加了更为完美的规划（如图B-40所示）。

材质参数设置：

贴图参数：在设置为VRayMtl材质的前提下，为相应通道添加位图贴图（如图B-41所示）。

图B-40 冰裂纹玻璃材质渲染效果

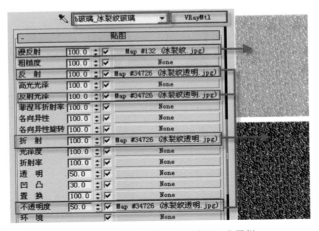

图B-41 冰裂纹玻璃材质"贴图"卷展栏

※ 小贴士：冰裂纹玻璃材质的基本参数与其他玻璃材质基本相同，主要是选择"影响阴影"选项，以渲染出更为真实的透明阴影效果。

参数解密：

冰裂纹玻璃材质的制作重点，主要是围绕不同通道的贴图进行模拟的，其中在"反射"、"反射光泽"、"折射"以及"不透明度"通道中，所选用的黑白贴图就是制作玻璃冰裂纹的关键（如图B-42所示）。

应用扩展：透空圆形地毯材质

在"不透明度"通道中添加相应的黑白贴图，以模拟玻璃中冰裂纹理。此制作

图B-42　冰裂纹玻璃材质示例球显示效果

方法与"透空圆形地毯材质"的透空制作方法有几分相似之处。只不过两者的固有质感有所偏差，所以这也是与其他通道有所差距的缘由（如图B-43所示）。

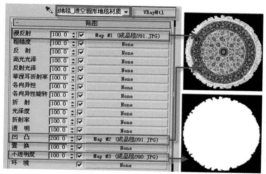

图B-43　透空圆形地毯材质的调整及渲染效果

案例总结及目的：

通过本例中冰裂纹玻璃材质的学习，深入体会到VRayMtl材质不同通道的奇效，即使相同贴图但在通道模式的引领下，却可以形成意想不到的视觉效果，同时以达到学习制作不同透明效果的目的。

龟裂纹玻璃材质

材质用途：家具装饰	扩展材质：仿旧龟裂漆面材质

材质参数要点： ●凹凸通道 ●黑白凹凸贴图

材质分析：

龟裂纹玻璃材质可以算是一种在细节处寻找立体变化的玻璃材质。同样是运用相关的位图，但通过凹凸通道这条特有的路径，便可在玻璃表面自然地预留出相应的立体痕迹。所形成的凹痕，无论是分别分布于玻璃的两面，还是只呈现于一面，都会使原来表面平淡的普通玻璃更富于立体造型的形式美感（如图B-44所示）。

材质参数设置：

基本参数： 在设置为VRayMtl材质的前提下，调整其基本参数（如图B-45所示）。

图B-44　龟裂纹玻璃材质渲染效果

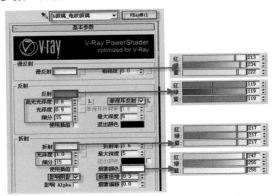

图B-45　龟裂纹玻璃材质"基本参数"卷展栏

贴图参数： 为"凹凸"通道添加相应贴图设置，以增强玻璃龟裂立体质感（如图B-46所示）。

参数解密：

  龟裂纹玻璃材质区别于其他的玻璃材质，就是其自身特有的龟裂纹理，内凹立体纹理主要是通过凹凸贴图进行模拟的。其中，通过凹凸参数的负数设置（这里设置为-60），可将贴图中白色区域自然内陷，以到达更为逼真的龟裂纹效果（如图B-47所示）。

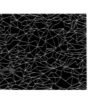
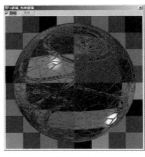

图B-46 龟裂纹玻璃材质"贴图"卷展栏   图B-47 龟裂纹玻璃材质示例球显示效果

应用扩展：仿旧龟裂漆面材质

  本例的龟裂纹玻璃材质看似与冰裂纹玻璃材质十分相似，但二者的制作原理则是完全不同的，因为前者的制作原理归根于其凹凸贴图的功效，应用黑白肌理贴图可以在任意固有材质的基础上，为其添加错综的纹理效果。如：仿旧龟裂漆面的材质，便是与本材质的制作原理如出一辙（如图B-48所示）。

图B-48 仿旧龟裂漆面材质的调整及渲染效果

案例总结及目的：

  本例的龟裂纹玻璃材质，主要是通过凹凸通道结合黑白肌理贴图制作而成的，要求在应用此凹凸原理的过程中总结相应的制作技巧，继而能够真正明确此类具有凹凸肌理质感材质的学习目的。

雕花玻璃材质

材质用途：家具装饰 | 扩展材质：毛巾材质

材质参数要点：●多维/子对象 ●凹凸通道

B-D-B
● ◆ ★

材质分析：

雕花玻璃材质是玻璃工艺品的一种，其表面涂层本身有较为强烈的起伏变化。在视觉上，既有玻璃材质固有的通透特性，同时在雕花图案的作用下，也保留了若有若无的朦胧质感，同时还会起到一定隔绝视效的功能，多被应用于起遮挡功效的屏风等物体上。

所以，针对该材质的模拟制作，对其折射与图案显示的效果要求颇高（如图B-49所示）。

图B-49 雕花玻璃材质渲染效果

材质参数设置：

多维/子对象参数：将其设置为"多维/子对象"材质，分别指定给相应面型（如图B-50所示）。

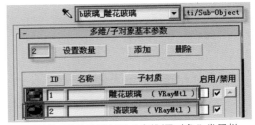

图B-50 雕花玻璃材质"多维/子对象"卷展栏

※ 小贴士：同许多图案玻璃材质一样，选用"多维/子对象"材质，同样是为了透明图案更为理想的显示。

A B C D G J K L M P R S T Y Z

雕花玻璃材质参数设置：将ID为1的子对象材质设置为"雕花玻璃"，调整相关参数（如图B-51所示）。

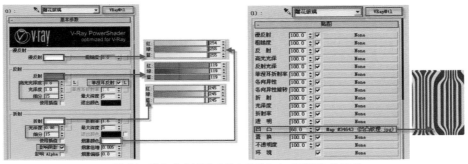

图B-51　雕花玻璃材质"基本参数"与"贴图"卷展栏

清玻璃材质参数设置：将ID为2的子对象材质设置为"清玻璃"，并调整相关参数（如图B-52所示）。

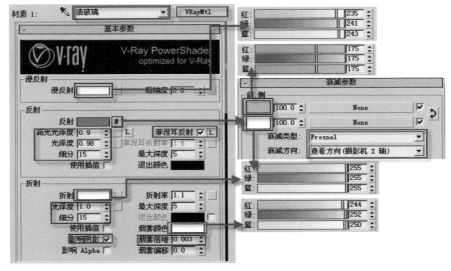

图B-52　清玻璃材质"基本参数"卷展栏

参数解密：

雕花玻璃材质虽然也是玻璃材质的一种，但是其主要凸显于视图中，是其纹理图案应用于凹凸通道的特效。其中，"多维/子对象"贴图是材质设置的重点，倘若省去此程序，两面的图案纹理则会产生重叠误差（如图B-53所示）。

图B-53 雕花玻璃材质示例球显示效果

　　形成雕花玻璃凹凸起伏的质感实际上并不难，利用凹凸贴图并不是唯一的手段，但此种形式却是相对而言最简洁且易见成效的方式，如毛巾材质就是巧妙地运用了此方法极有力的实证（如图B-54所示）。

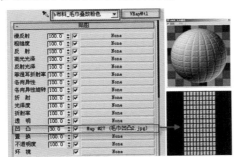

图B-54 毛巾材质的调整及渲染效果

案例总结及目的：

　　本例中的雕花玻璃材质，主要是在普通玻璃材质的制作方法基础上，结合以往所学具有凹凸特效材质的操作技巧，同时抓住"多维/子对象"材质的制作要点，以实现真实模拟雕花玻璃材质的目的。

014

B-C-X

彩绘镶花玻璃材质

| 材质用途：家具装饰 | 扩展材质：彩色内嵌图案玻璃材质 |

材质参数要点：●多维/子对象　●虫漆材质

材质分析：

　　彩绘镶花玻璃材质表面的艺术镶花是此材质的视觉重点。由于彩绘图案的表达形式丰富多样，现如今早已被广泛用于居家移门、推拉门以及遮挡屏风之中。在居室中彩绘镶花玻璃的恰当运用，能够巧妙地地创造出一种赏心悦目的和谐氛围，从而自如地营造出一种浪漫迷人的现代情调。因此，在该材质制作时，应该对材质通透的质感制作加以强调（如图B-55所示）。

图B-55　彩绘镶花玻璃渲染效果

材质参数设置：

　　多维/子对象参数：将其设置为"多维/子对象"材质，分别设置相应子材质参数（如图B-56所示）。

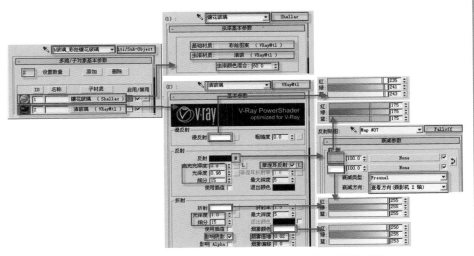

图B-56　彩绘镶花玻璃材质"多维/子对象"卷展栏及子材质参数

※ 小贴士：虫漆材质通过叠加，将两种材质混合，叠加材质中的颜色称为"虫漆"材质，通过"虫漆颜色混合"参数配比，可被添加到"基础材质"颜色之中。

　　虫漆基础材质参数：将命名为"彩绘图案"的虫漆基础材质设置为VRayMtl材质，为其调整基本参数设置（如图B-57所示）。

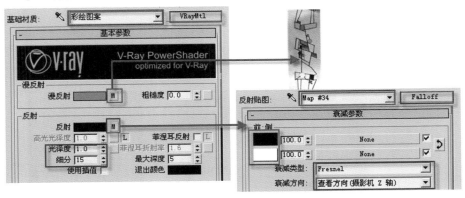

图B-57　虫漆基础材质 "基本参数"卷展栏

※ 小贴士："多维/子对象"材质中ID为2的子对象材质与"虫漆材质"的清玻璃材质，都是最普通的玻璃材质，其参数设置主要注意其淡绿色的"烟雾颜色"。

参数解密：

　　彩绘镶花玻璃材质的制作重点，是在确保凸显彩绘花纹的同时，要制作出玻璃通透的质感，其中"虫漆材质"则是表现此种特性的"法宝"。通过"虫漆颜色混合"参数设置配比，可以将"虫漆材质"中的两种子材质更为有效地有机结合，从而刻画出更为逼真的彩绘花纹通透质感（如图B-58所示）。

图B-58　彩绘镶花玻璃材质示例球显示效果

应用扩展：彩色内嵌图案玻璃

　　彩绘镶花玻璃材质与许多图案分明的玻璃材质一样，如：彩色内嵌图案玻璃材质，为确保通透感与图案纹理并行，必须采用"多维/子对象"材质将模型物体的面型进行合理有效地分配布局（如图B-59所示）。

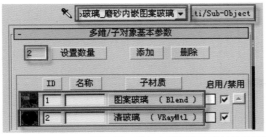

图B-59　彩色内嵌图案玻璃材质的调整及渲染效果

案例总结及目的：

　　本例彩绘镶花玻璃材质主要是通过初步了解"虫漆"材质，进一步加深对"多维/子对象"材质的记忆，同时结合其他图案玻璃的制作方法，以便达到区分"虫漆"材质与"混合"材质概念的目的。

015

B-B

● ◆ ★

下载: \源文件\材质\B\015

玻璃杯材质

材质用途：陈设品装饰	扩展材质：普通玻璃材质

材质参数要点： ●反射折射率 ●衰减反射

材质分析：

玻璃杯材质也是效果图材质制作中较为常用的一种，属于玻璃材质的范畴，与其他的普通玻璃虽有许多相似之处，但主要表现的材质细节还是有所差别的。尤其在不同颜色的玻璃烘托下，可以产生不同效果的反射特效（如图B-60所示）。

图B-60 玻璃杯材质渲染效果

材质参数设置：

基本参数：在设置为**VRayMtl**材质的前提下，适度添加反射与折射效果（如图B-61所示）。

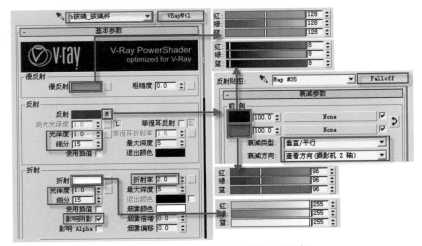

图B-61 玻璃杯材质"基本参数"卷展栏

※ 小贴士：对于无色的透明玻璃杯，只需稍加深材质"漫反射"颜色，无须进行"烟雾颜色"设置，便可渲染出立体空间感逼真的玻璃杯材质。

参数解密：

玻璃杯材质区别于其他玻璃材质的特点，就是玻璃材质的厚度重量感，可以通过增加"折射率"进行模拟（如图B-62所示）。

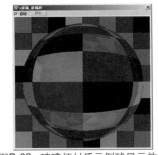

图B-62　玻璃杯材质示例球显示效果

应用扩展：普通玻璃材质

玻璃杯材质的参数调整与普通玻璃材质相似，完全可以在普通玻璃材质的基础上进行修改，主要是适度改变其"折射率"与"折射"的参数，以增加其体积重量感（如图B-63所示）。

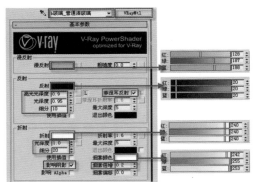

图B-63　普通玻璃材质的调整及渲染效果

案例总结及目的：

本例中玻璃杯材质的调整技巧虽然较为简单，通过材质基本参数的相关设置便可模拟，但是其中的操作技巧不可忽视，尤其是针对"反射"与"折射率"的相关设置，只有这样才能确保渲染体积重量质感更为真实的玻璃杯材质。

016

B-B-B

玻璃杯杯口材质

材质用途：陈设品装饰 | 扩展材质：黄金材质

材质参数要点： ●反射颜色 ●折射率

材质分析：

玻璃杯杯口材质看似不是很重要，因为其所处的特殊位置，甚至有时完全可由玻璃杯材质替代。但是对于一些盛有果汁的玻璃杯而言，从某些特写观察视角来看，玻璃杯杯口赋予特定的材质则是十分必要的。其杯口材质的反射亮度可以将杯中的果汁与周围物体反射得格外清晰（如图B-64所示）。

图B-64 玻璃杯杯口材质渲染效果

材质参数设置：

基本参数： 在设置为VRayMtl材质的前提下，适度添加反射与折射效果，主要是为了反射色彩（如图B-65所示）。

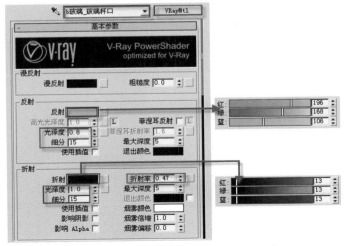

图B-65 玻璃杯杯口材质"基本参数"卷展栏

47

参数解密:

玻璃杯杯口材质主要突出的是其特有的色彩反射效果，暗黄色的反射可将盛有果汁的玻璃杯杯口的反射效果模拟得更为逼真。同时，降低折射及折射率的目的，也是为了更凸显其反射特效（如图B-66所示）。

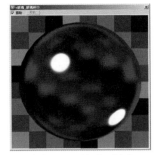

图B-66　玻璃杯杯口材质示例球显示效果

应用扩展：黄金材质

玻璃杯杯口材质的调整与其他玻璃材质的设置方法，本质区别就在于其反射颜色上的设置。实际上，具有颜色属性的反射调整方法，不单只用于编辑此材质，如：黄金材质的反射特效就是使用此种方法调整的（如图B-67所示）。

图B-67　黄金材质的调整及渲染效果

案例总结及目的:

通过对本例中玻璃杯杯口材质编辑方法的学习，使读者初步了解了反射色彩设置的必要性，同时明确玻璃折射率与反射特效的联系，从而达到真实模拟玻璃杯杯口材质的目的。

017

B-B-J
●◆★

玻璃酒瓶材质

| 材质用途：陈设品装饰 | 扩展材质：磨砂玻璃酒瓶材质 |

材质参数要点：●漫反射颜色 ●烟雾颜色 ●衰减反射

材质分析：

玻璃酒瓶材质与玻璃杯材质类似，也是玻璃材质中不可缺少的组成部分。在现实生活中，无论是何种颜色的酒瓶玻璃其反射与折射的特质都是建立在相对更为精准的基础之上的。

因为瓶中的液体距离玻璃瓶体很近，同时透过透明的玻璃瓶，其反射、折射甚至玻璃瓶色彩的变化，会显得更为夸张（如图B-68所示）。

图B-68　玻璃酒瓶材质渲染效果

材质参数设置：

基本参数：在设置为VRayMtl材质的前提下，适度添加反射与折射效果（如图B-69所示）。

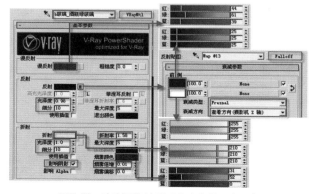

图B-69　玻璃酒瓶材质"基本参数"卷展栏

A B C D G J K L M P R S T Y Z

49

参数解密：

　　玻璃酒瓶材质的调整，要注意其自身的"漫反射"颜色与"烟雾颜色"设置，一般由于瓶中的液体反射效果会使颜色偏重，所以要适度降低"烟雾倍增"的参数，这里已降至为0.01（如图B-70所示）。

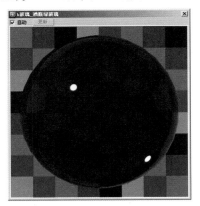

图B-70　玻璃酒瓶材质示例球显示效果

应用扩展：磨砂玻璃酒瓶材质

　　以上所讲的绿色玻璃酒瓶材质，实际上不只局限于这一种颜色，如：无色的玻璃、香槟色、暗红色等，可以分别赋予很多种不同质感的酒瓶材质，甚至磨砂的红酒酒瓶也可在该材质的基础上进行调整（如图B-71所示）。

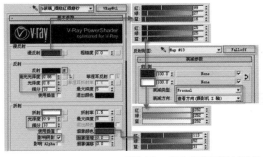

图B-71　磨砂玻璃酒瓶材质的调整及渲染效果

案例总结及目的：

　　通过对本例中不同质感与颜色的玻璃酒瓶材质的学习，读者应该更为明确材质"漫反射颜色"与"烟雾颜色"的联系，同时通过对"烟雾倍增"的参数加以控制，实现深入理解折射原理的目的。

布料材质 ——————018-024

布料材质在我们的日常生活中无处不在，无论其表面的纹理图案如何多样，就其内在质地而言，无非是低反射材质的范畴，尤其对于绒布、毛巾布料而言更为明显。

因此，此类材质的制作核心是把握衰减变化与反射效果的结合，同时再叠加"凹凸"、"置换"或"不透明度"等诸多通道的变化效果，进而模拟出质感多变的布料材质。

序　号	字母编号	知识等级	用　途	常用材质	扩展材质
018	B-D-Y	●	家具装饰	单色压花绒布材质	普通单色绒布材质
019	B-H-T	◆	家具装饰	花纹条绒材质	立体丝绒材质
020	B-Z	◆	家具装饰	褶皱沙发布套材质	靠枕材质
021	B-D-S	◆	家具装饰	单色丝绸材质	花纹丝绸材质
022	B-H-C	★	窗帘装饰	花纹窗纱材质	单色纱帘材质
023	B-X	★	陈设品装饰	悬挂毛巾材质	叠放毛巾材质
024	B-S-X	◆	家具装饰	双色镶银布料材质	双色立体壁纸材质

018

B-D-Y

单色压花绒布材质

| 材质用途：**家具装饰** | 扩展材质：**普通单色绒布材质** |

材质参数要点： ●凹凸通道 ●不同通道的衰减贴图
●双向反射分布函数

材质分析：

　　本例是在最为普通的自定义单色绒布材质的基础上，为其添加适当的凹凸纹理，以形成立体压花绒布材质。该材质主要用于表现有比较厚重质感的布料，如沙发套布料、遮光窗帘布料等。只有运用其特有的粗糙表面反射，才能更为真实地塑造绒布材质所固有的毛茸茸效果（如图B-72所示）。

图B-72　单色压花绒布材质渲染效果

材质参数设置：

　　基本参数： 在设置为VRayMtl材质的前提下，适度添加反射效果（如图**B-73**所示）。

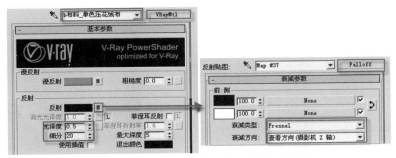

图B-73 单色压花绒布材质"基本参数"卷展栏

双向反射分布函数：结合反射效果，调整其高光方向（如图B-74所示）。

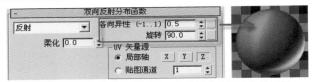

图B-74 单色压花绒布材质"双向反射分布函数"卷展栏

贴图参数：为"漫反射"、"反射"、"凹凸"通道添加相应贴图设置（如图B-75所示）。

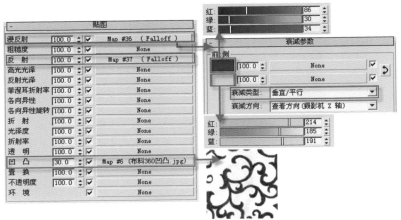

图B-75 单色压花绒布材质"贴图"卷展栏

参数解密：

在该材质的调整过程中反复使用的衰减贴图，便是其中的重点参数选项，由于将该贴图设置在不同的通道中，而且其衰减的颜色与类型也有所差异，因此才能渲染出饱含柔光效果的短茸毛质感绒布材质（如图B-76所示）。

※ 小贴士：除去在"漫反射"、"反射"通道中采用相应的衰减贴图以外，塑造单色压花绒布材质其表面凹凸纹理的效果也不应忽视。在凹凸通道中将对比度明显的黑白纹理图案配合比例完美的贴图坐标，便是成功凸显布料表面立体触感的秘籍。

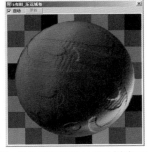

图B-76　单色压花绒布材质示例球显示效果

应用扩展：普通单色绒布材质

实际上该材质除凹凸通道中黑白纹理贴图选项之外，以上的所有参数设置就是普通单色绒布材质的全部编辑要点，可见两种材质无论是调整方法，还是渲染效果都是极为相似的（如图B-77所示）。

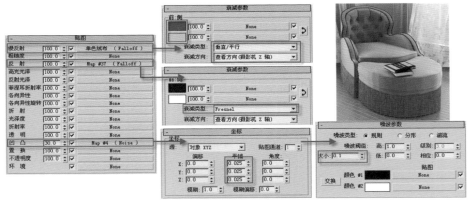

图B-77　普通单色绒布材质的调整及渲染效果

※ 小贴士：利用"噪波"贴图中的黑白斑点程序贴图，可以有效模拟普通单色绒布材质表面的立体凹凸质感，但其中的"平铺"及"大小"参数不宜过大，要结合模型实体比例进行反复适配。

案例总结及目的：

通过对本例中单色压花绒布材质的学习，进一步明确不同类型及通道中"衰减"贴图的设置要点，同时掌握普通单色绒布材质的相关调整技巧，以及巧妙运用凹凸贴图以达到画龙点睛的渲染目的。

Materiat

019

B-H-T

●◆★

下载：\源文件\材质\B\019

花纹条绒材质

| 材质用途：家具装饰 | 扩展材质：立体丝绒材质 |

材质参数要点：●砂面凹凸胶性　●遮罩贴图
　　　　　　　　●衰减类型　　　　●凹凸贴图

材质分析：

　　本例花纹条绒虽说也是绒布的一种，但是由于该材质图案纹理源自于贴图原理，所以其制作方法与单色压花绒布存在本质的区别。在仍然兼顾绒布毛茸触感的同时，应进一步凸显出图案纹理给予花纹条绒材质的特效（如图B-78所示）。

图B-78　花纹条绒材质渲染效果

材质参数设置：

　　基本参数：在保持Standard材质的基础上，调整基本参数（如图B-79所示）。

A
B
C
D
G
J
K
L
M
P
R
S
T
Y
Z

55

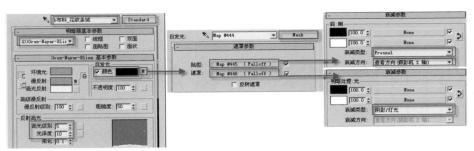

图B-79 花纹条绒材质"基本参数"卷展栏

※ 小贴士：注意不同遮罩通道中的衰减类型，为进一步增大绒布的质感，适度调整衰减的"混合曲线"（如图B-80所示）。

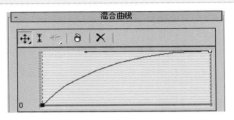

图B-80 花纹条绒材质衰减"混合曲线"

贴图参数：结合材质纹理设置"漫反射"、"凹凸"通道贴图，以模拟花纹质感（如图B-81所示）。

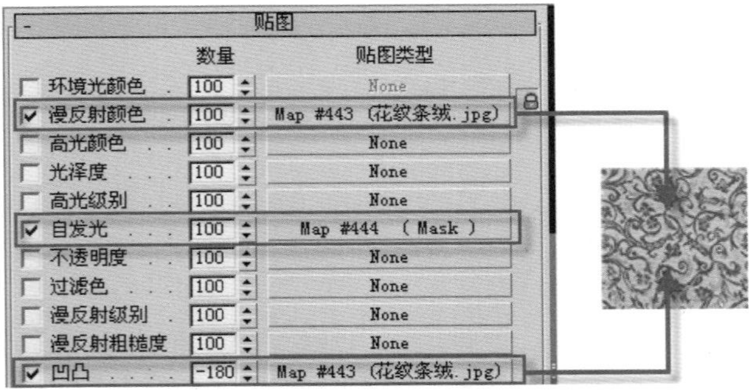

图B-81 花纹条绒材质"贴图"卷展栏

参数解密：

在该材质中模拟花纹条绒质感的关键在于其凹凸通道的纹理设置，其中要根据其图案自身的对比度进行灵活调整，在此将其凹凸参数设置为-180，从而将花纹脉络渲染得自然得体（如图B-82所示）。

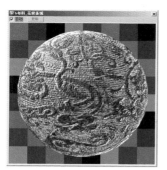

图B-82　花纹条绒材质示例球显示及细节渲染效果

将此花纹条绒材质进一步拓展，还可以形成许多意想不到的纹理材质，如：立体丝绒材质，两者的制作模式基本相同，其中更为巧妙地运用了黑白纹理，以凸显丝绒材质更具光感立体效果的魅力（如图B-83所示）。

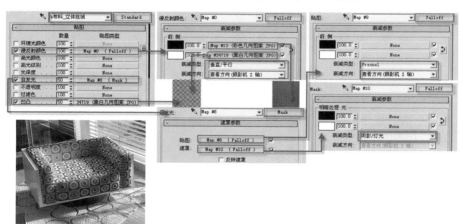

图B-83　立体丝绒材质的调整及渲染效果

本例花纹条绒材质主要是针对"遮罩"及"衰减"贴图参数的调整，进一步熟悉布料材质光感细节变化的刻画技巧，同时举一反三拓展绘制立体丝绒材质，从而实现深入理解其内在原理的目的。

Materiat

020

B-Z

● ◆ ★

下载：\源文件\材质\B\020

褶皱沙发布套材质

| 材质用途：家具装饰 | 扩展材质：靠枕材质 |

材质参数要点： ●贴图坐标 ●凹凸贴图
●砂面凹凸胶性

材质分析：

在某种意义上来讲本例中沙发布套材质可以说是花纹条绒材质、立体丝绒材质的总结。因为其制作方法实际上基本相同，但鉴于不同模型造型需求，其漫反射贴图与凹凸贴图结合得更为巧妙，切实突出利用材质烘托立体造型的魅力所在（如图B-84所示）。

材质参数设置：

基本参数： 在保持Standard材质的基础上，调整基本参数（如图B-85所示）。

图B-84 沙发布套及靠枕材质渲染效果　　图B-85 褶皱沙发布套材质"基本参数"卷展栏

贴图参数： 结合材质纹理设置"漫反射"、"自发光"、"凹凸"通道贴图，以模拟褶皱花纹座套的质感（如图B-86所示）。

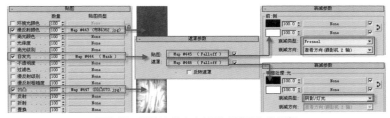

图B-86 褶皱沙发布套材质"贴图"卷展栏

58

参数解密:

　　沙发布套材质之所以能够成功地展现于场景之中，其中模拟布套褶皱的黑白纹理贴图可谓功不可没，但是严谨依附于模型之上的贴图坐标也是不可或缺的。其坐标应随模型体块尺寸及方向自然转折，以免失真（如图B-87所示）。

图B-87　褶皱沙发布套材质示例球显示及贴图坐标参数设置

应用扩展：靠枕材质

　　倘若对沙发布套材质内在的制作原理已了如指掌，那么靠枕材质的调整便也不在话下。两者不仅制作方法完全一样，而且解密要点也同样需要注意所赋予模型的贴图坐标（如图B-88所示）。

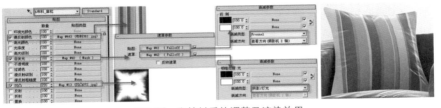

图B-88　靠枕材质的调整及渲染效果

案例总结及目的:

　　通过对褶皱沙发布套材质的编辑，应该熟知其内衰减及凹凸贴图的应用原理，以便能够实现绘制一系列（如靠枕、床单等）褶皱材质的目的。

021

B-D-S

● ◆ ★

下载：\源文件\材质\B\021

单色丝绸材质

材质用途：家具装饰	扩展材质：花纹丝绸材质

材质参数要点：　●高光反射参数与方向　●VR合成纹理
　　　　　　　　　　●VR颜色

材质分析：

　　本例中的单色丝绸材质不同于以上的绒布材质，它由蛋白纤维组成，表面更为光滑，具有吸音、吸尘、耐热性，给人以奢华的感觉。所以，在制作技巧中更应提起对该材质高光及反射特效的高度重视。在室内空间中，此材质主要用于模拟衣料、床上用品等（如图B-89所示）。

图B-89　单色丝绸材质渲染效果

材质参数设置：

　　基本参数： 在设置为**VRayMtl**材质的前提下，强调反射效果（如图B-90所示）。

图B-90 单色丝绸材质"基本参数"卷展栏

※ 小贴士：在垂直/平行类型的衰减设置中可适度调整其混合曲线，为其添加一个 "Bezier—平滑"控制点，进而使材质反射过渡更加自然。

双向反射分布函数：结合反射效果，调整其高光方向（如图B-91所示）。

图B-91 单色丝绸材质"双向反射分布函数"卷展栏

贴图参数：为"漫反射"、"反射"、"凹凸"通道添加相应贴图设置（如图B-92所示）。

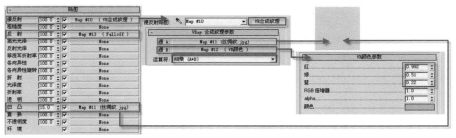

图B-92 单色丝绸材质"贴图"卷展栏

参数解密：

该单色丝绸材质虽然其反射贴图同样是选用"垂直/平衡"的衰减贴图进行模拟，但是其丝绸渲染效果却与众不同，关键在于该材质高光反射与方向的细节参数，同时再配合VR合成纹理、VR颜色贴图及立体凹凸贴图的应用，使得整体模型在灯光照射下更具柔滑的丝光质感（如图B-93所示）。

多数丝绸材质不单是单色显示，日常生活中五彩图案的花纹丝绸材质更为常见（如图B-94所示）。虽然两者所表现的材质质感基本相同，但是由于纹理的差别，所以在漫反射贴图制作的细节上稍有不同（如图B-95所示）。

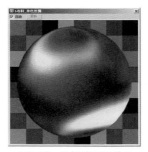
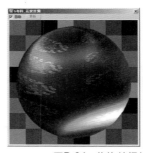

图B-93　示例球显示效果　　　　图B-94　花纹丝绸材质示例球显示及渲染效果

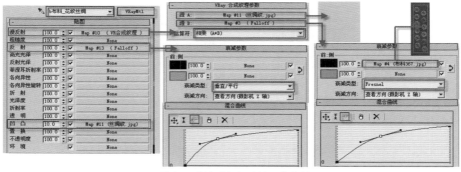

图B-95　花纹丝绸材质的调整参数

案例总结及目的：

本例虽然讲解了两种丝绸材质的制作方法，但二者在内在原理上还是统一的，望读者在巧妙调整反射参数的同时，达到掌握VR合成纹理、VR颜色贴图制作技巧的目的。

花纹窗纱材质

材质用途：窗帘装饰	扩展材质：单色纱帘材质

材质参数要点： ●折射参数 ●混合贴图 ●衰减贴图

材质分析：

窗纱材质较前几种布料材质在编辑方法上会稍复杂些，尤其对于带有花纹图案的纱帘材质就更复杂了。在此主要通过不同的折射选项进行模拟透明质感，以将室内空间营造出若隐若现，同时又不失凉爽可人的朦胧美感（如图B-96所示）。

图B-96 窗纱材质渲染效果

材质参数设置：

基本参数： 在设置为VRayMtl材质的前提下，调整漫反射颜色的同时适当添加反射与折射效果（如图B-97所示）。

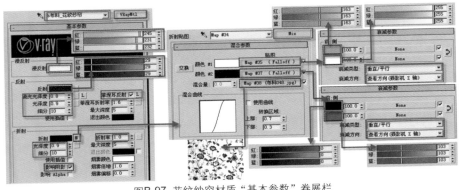

图B-97 花纹纱帘材质"基本参数"卷展栏

※ 小贴士：混合贴图使用在折射通道中，以充当需要透空的蒙版，同时透空设置要在衰减贴图的柔和处理下，才能更加凸显纱帘材质的朦胧质感。

A
B
C
D
G
J
K
L
M
P
R
S
T
Y
Z

纱帘材质究其根基，也可算是透明材质的引申，但其与玻璃材质在反射质感上有本质的区别。因此，其"折射率"应适度降低，在此便设置为"1"，以免产生变形。但二者的共性是都需要设置"影响阴影"，必要时可适度添加"烟雾颜色"（如图B-98所示）。

图B-98 花纹纱帘材质示例球显示效果

多数纱帘都会置于窗帘的内侧起衬托作用，或是单纯地挂一幅纱帘，作为两个区域空间的间隔，所以单色纱帘早就在装饰市场中占有了一席之地。二者的制作方法是极为相似的，只是单色纱帘比花纹纱帘更为简单，用单色替代了烦琐的"混合"贴图（如图B-99所示）。

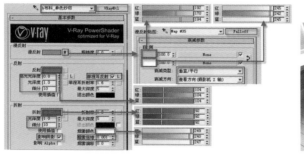

图B-99 单色纱帘材质的调整及渲染效果

※ 小贴士：勾选"菲涅耳反射"复选框，以使材质反射更具真实世界的透明反射效果，可以从不同的观察角度追踪到相应的反射特性。

通过学习本例中不同纱帘的制作方法，使读者对材质折射参数的相关设置更为明确，同时进一步理解混合贴图的调整技巧，以便能够更为真实地模拟出不同透明形式的纱帘材质。

Materiat

023

B-X

● ◆ ☆

悬挂毛巾材质

材质用途: 陈设品装饰 ｜ 扩展材质: 叠放毛巾材质

材质参数要点: ●凹凸贴图 ●置换贴图 ●置换修改器

材质分析:

毛巾材质虽然也算是布料材质,但其制作方法较为多样,如利用凹凸、置换贴图调整,甚至还可以应用VRay毛发进行模拟。但无非都是为了表现毛巾材质所固有的立体毛绒质感,可根据具体的观察角度及距离进行正确选择,从而更为科学地提高制图效率(如图B-100所示)。

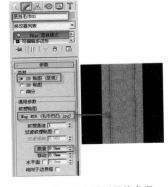

图B-100 悬挂毛巾材质渲染效果

材质参数设置:

贴图参数: 在设置为VRayMtl材质的前提下,为其"漫反射"、"凹凸"、"置换"通道添加位图贴图(如图B-101所示)。

置换参数: 结合VRay渲染器,为毛巾模型添加"VRay置换模式"修改命令,同时调整置换纹理贴图及参数,以更为逼真地模拟毛巾特写效果(如图B-102所示)。

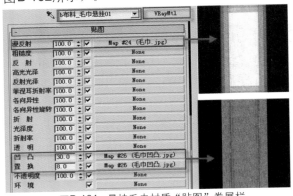

图B-101 悬挂毛巾材质"贴图"卷展栏

图B-102 毛巾模型置换参数

※ 小贴士：根据毛巾材质表面粗糙的织物特性，该材质的"反射"与"折射"参数都可以不用过多调整。

参数解密：

在凹凸与置换通道添加黑白位图，其目的都是为毛巾模型添加立体质感，但置换通道参数切忌调整过高，以免毛巾立体绒毛细节失真（如图B-103所示）。

应用扩展：叠放毛巾材质

对于以上毛巾材质的制作方法，更适合模拟毛巾特写的高质量观察效果，因为置换贴图及"VRay置换模式"修改器，是从物理角度模拟毛巾细节的起伏质感，但其渲染时间较慢。而对于观察角度较远的毛巾模型（如图B-104所示），其材质可在此基础上适当减少部分编辑程序，如降低"置换"设置甚至将其去除，同时还可有效地提高渲染速度（如图B-105所示）。

图B-103　悬挂毛巾材质示例球显示效果

图B-104　叠放毛巾材质示例球显示效果

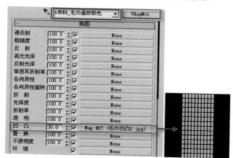

图B-105　叠放毛巾材质的调整及渲染效果

案例总结及目的：

通过本例中毛巾材质的学习，能够明确不同观察角度及毛巾材质的渲染内在联系，同时应从理性角度切实明确置换与凹凸通道的具体区别，从而达到置换贴图的应用目的。

024

B-S-X
● ◆ ★

双色镶银布料材质

材质用途：家具装饰	扩展材质：双色立体壁纸材质

材质参数要点： ●混合材质 ●衰减贴图

材质分析：

双色镶银布料材质，主要是借助3D复合材质，即"混合（blend）"材质所塑造出的双色材质。此双色材质不仅具备两种颜色或贴图的特性，而且二者的属性可结合实体模型的特殊需求区别对待，进而创造出从里至外层次分明的混合质感。本例中的双色镶银布料材质，就是以灰色绒布为底材，结合遮罩图案，最终拼合成内嵌金属色花纹的布料材质（如图B-106所示）。

图B-106 双色镶银布料材质渲染效果

材质参数设置：

基本参数：在设置为"混合（blend）"材质的前提下，分别调整各子材质相应参数（如图B-107所示）。

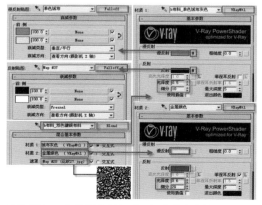

图B-107 双色镶银布料材质"混合基本参数"卷展栏

※ 小贴士：运用遮罩贴图可以将两种材质有效地区分，所以对遮罩贴图其对比度及图案纹理要求相对较高，不仅要确保一定的清晰度，更重要的是应对相应物体添加"UVW贴图"设置，以形成无缝纹理的外观纹样。

参数解密：

为使该材质不仅具有双色效果，更兼具不同属性的外观特性，所以两个子材质虽然都是VRayMtl材质，但是其中绒布材质"漫反射"及"反射"通道中的"衰减"贴图就是凸显其布料毛绒质感的关键；另外，金属银色材质也应注意其反射参数及颜色，将其渲染出独具魅力的内嵌金属银的花纹图案（如图B-108所示）。

图B-108 示例球显示效果

应用扩展：双色立体壁纸材质

此种"混合（blend）"材质设置方法与制作双色立体壁纸材质的"混合（mix）"贴图方式极为近似，但优于后者的最大亮点便是此遮罩贴图所分配的子对象可以是两种不同属性的材质，而并非只是贴图，不过二者在内在原理上还是统一的（如图B-109所示）。

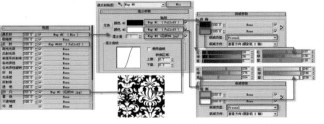

图B-109 双色立体壁纸材质的调整及渲染效果

案例总结及目的：

通过学习本例双色镶银布料材质的制作方法，加深对"混合（blend）"材质地深入理解，正是此调整方式与"混合（mix）"贴图的区别，进而真正发挥运用此"混合"材质节约模型制作的意义，以实现提高渲染速度的目的。

B

篇后点睛（B）

——背景材质、壁纸材质、玻璃材质、布料材质

下载：\源文件\B\篇后点睛（B）——背景材质、壁纸材质、玻璃材质、布料材质

材质总结：

背景、壁纸、玻璃、布料材质 无论在任何室内场景中都极为常见，看似毫无关联的四种材质，实际上其内在还是存在关联的。仅从室内效果图渲染效果这一角度而言，便能体现出它们之间的微妙关系。其中，多数室内空间中的背景材质表现往往都不是单纯独立的，而是借助于窗玻璃材质的

图B-110　背景 壁纸 玻璃 布料材质渲染效果

叠加显示；而布料材质更像是壁纸材质的延续，所以既然在渲染效果上存在联系，那么相应的制作技巧便更是息息相关的（如图B-110所示）。

材质难点：

制作以上材质，其自身调整并不是难点，而调节各种材质之间的呼应关系才是重中之重。背景材质，首先便是此类材质的突出代表。由于多数背景材质是赋予在室外场景中的弧形面片模型上，单纯表现贴图图像固然简单，但是叠加在具有反射及折射效应的玻璃窗上之后，表现其光亮的质感才是该材质的制作难点。

对于特殊需要突出光亮效果的背景材质除选择"VR材质包裹器"表现质感以外，实际上选择"VR灯光"材质不仅表达效果同样突出，而且制作过程更为简便（如图B-111所示）。但是其亮度倍增要结合室内外整体场景的变化作出综合处理，更为重要的是要明确透过窗玻璃材质显示背景材质亮度的真正意义。

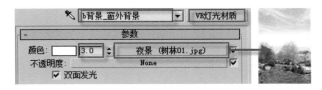

图B-111　窗外背景VR灯光材质"参数"卷展栏

此外，叠加在背景材质上玻璃窗材质其参数设置与普通清玻璃材质的设置方法虽然如出一辙，但是随着室内灯光及背景材质光亮度的烘托其具体参数设

置也应是变化的，切忌不能模式化处理。必要的情况下，可以适当加大其衰减贴图的反射效应，以突出玻璃材质对整体场景的特殊反射质感（如图B-112所示）。

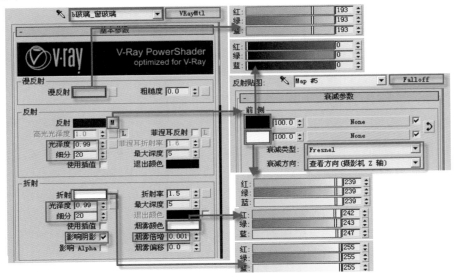

图B-112 窗玻璃材质"基本参数"卷展栏

实际上，所有的玻璃材质的设置方法无非都是纠结在"反射"与"折射"参数设置的环节上，即便有些参数设置得极为精准。如：磨砂玻璃材质的折射光泽度设置为"0.9"，比普通玻璃材质相差甚少，但对于"磨砂"二字而言也必有其重要的意义（如图B-113所示）。

壁纸材质和布料材质难点特性基本较为统一，都是结合场景中周围环境对此类材质的影响，力图模拟出近似纸质或布质材质略带

图B-113 磨砂玻璃材质渲染效果

绒毛质感的柔光特性。看似简单，实则并不容易，虽然同样是利用"衰减"贴图，但是由于应用于不同的通道及类型，其细节效果自然会存在差异，但这些所谓的"差异"也正是体现近似材质不同渲染魅力的精髓（如图B-114所示）。

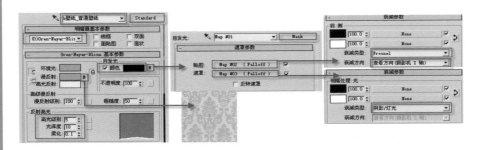

图B-114 普通壁纸材质"基本参数"卷展栏

核心技巧：

玻璃材质 的制作核心技巧毋庸置疑，"反射"与"折射"参数设置定是其决定成效的关键，但在个别细节上一些边缘因素也同样不得忽视。如：对于窗玻璃材质而言，背景材质的亮度以及整体光环境的影响效果等。此外，类似的材质还有许多，如：彩色玻璃材质也是如此，在完成该材质反射与折射参数设置环节之后，夺人眼球的便是其独具韵味的斑斓色彩。利用"烟雾颜色"与"烟雾倍增"的参数比例可以有效地调控材质受光后所呈现的颜色魅力，但切记不同外部条件对二者的影响力，不能一味地套用参数（如图B-115所示）。

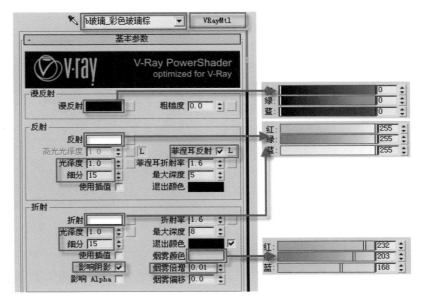

图B-115 彩色玻璃材质"基本参数"卷展栏

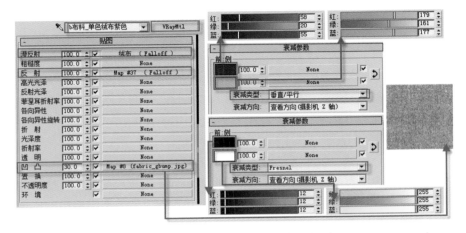

图B-116 单色绒布材质"贴图参数"卷展栏

另外"衰减"贴图是成就壁纸材质及布料材质逼真效果的独门绝技。虽然所设置的通道存在差异，但是其应用原理大同小异。都是利用衰减颜色的变化从中寻找环境光影对其细节的渲染变化，对于无贴图单纯颜色绒布材料其漫反射颜色处理更是如此（如图B-116所示）。该材质这一环节的调整已经不是单纯停留在无色彩基调上，而是升级到模拟光照后色彩"衰减"的变化阶段，所以其细节设置更应结合环境光影，以确定其最终效果。必要时可以添加"凹凸"贴图以加强材质立体质感，实际上多数略带凹凸立体质感的壁纸或布料材质都是巧用此技（如图B-117所示）。

图B-117 单色绒布材质渲染效果图

图B-118 彩绘镶花玻璃材质渲染效果

技术优势：

VRay渲染器相应VRay标准材质的整体表现效果的确无可厚非，无论是对透过背景的玻璃材质的通透效果而言，还是就壁纸与绒布材质近似逼真的触感

73

而论，都是如此的完美。不过这并不是其最大亮点，能够与其他类型的材质巧妙结合，才是进一步体现其技术优势的点睛之笔。如：层次繁复的彩绘镶花玻璃材质，正是结合利用了"多维/子对象"材质才将玻璃模型不同面型巧妙分隔，以避免重叠。对单独贴图的面型而言，也是结合了"虫漆"材质的混合方法，才将此材质表现得入木三分（如图B-118所示）。同样，背景材质和绒布材质也是分别在VRay标准材质的基础特性之上，分别结合了"VR材质包裹器"或"VR灯光"及"3d标准"材质的技术支持。

可见，仅此例这一狭小区域所涉及的各类材质其相互关联已如此之多，况且材质类型更为丰富的空间随处可见。因此，制作室内效果图整体场景间的渲染关联不得忽视，同样材质类型的选用及参数设置相互影响更不能掉以轻心，因为这是考验制作者对整体图面把握能力的体现。

C——瓷砖材质

瓷砖材质 ——————

　　所谓瓷砖，多是以耐火的金属氧化物及半金属氧化物（如黏土、石英砂等）经由研磨、混合、压制、施釉、烧结制作而成的一种耐酸碱的瓷质，或石质的建筑材料，或装饰材料，在国内的室内装饰市场上已盛行多年。

　　其中仅装饰于室内的瓷砖，根据其用途与材质质地便可划分为数种，如墙砖与地砖、抛光玻化砖与釉面仿古砖以及色彩与镶嵌形式各异的锦砖等，可谓是花样繁多。但归结至室内效果图材质调整的细节上，瓷砖材质的制作并不是十分烦琐，反射影像的完整性以及瓷砖釉面触觉质感的刻画，是主要的制作难点。

　　同时，还应掌握相应的贴图坐标或程序贴图的调整方式，以将室内瓷砖材质的调整更为科学合理化。

序 号	字母编号	知识等级	用 途	常用材质	扩展材质
025	C-P-G	●	墙面、地面装饰	抛光瓷砖材质	亮釉陶瓷材质
026	C-F	●	墙面、地面装饰	仿古瓷砖材质	哑光不锈钢材质
027	C-B	●	墙面装饰	玻璃马赛克材质	陶瓷马赛克材质
028	C-P-P	◆	墙面、地面装饰	平铺瓷砖材质	平铺地砖材质
029	C-Q	◆	墙面、地面装饰	棋盘格墙砖材质	棋盘格壁纸材质

025

C-P-G

●◆★

下载：\源文件\C\025

抛光瓷砖材质

材质用途：墙面、地面装饰　扩展材质：亮釉陶瓷材质

材质参数要点：●反射光泽度　●环境通道　●输出贴图

材质分析：

抛光瓷砖多数是由通体砖坯体的表面经过打磨抛光处理而成的砖体，其表面不仅坚硬耐磨，而且如同玻璃镜面一般光滑透亮，故也有"玻化砖"之称。其砖面光亮清晰的反射特性，可将室内环境中高雅气派的艺术气氛渲染到极致，因此，多被用于家居环境的客厅及餐厅，或公共空间的地面与墙面材质（如图C-1所示）。

图C-1　抛光瓷砖材质渲染效果

材质参数设置：

基本参数：在设置为VRayMtl材质的前提下，降低反射光泽度（如图C-2所示）。

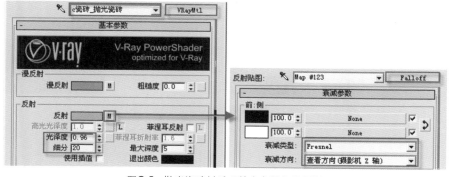

图C-2　抛光瓷砖材质"基本参数"卷展栏

贴图参数：添加"漫反射"与"凹凸"通道贴图，同时提高"环境"通道的"输出量"，以确保瓷砖光亮质感的生成（如图C-3所示）。

参数解密：

抛光瓷砖材质清透且不失迷漫质感的釉面反射特效，是此材质的制作重点。提高"反射"参数的"光泽度"，同时为"环境"通道添加"输出"贴图，随后加大其中的"输出量"，自然便成为解决问题的"妙计"（如图C-4所示）。

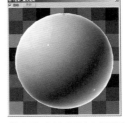

图C-3　抛光瓷砖材质"贴图"卷展栏图　　　图C-4　抛光瓷砖材质示例球显示效果

※ 小贴士：当环境对材质的影响较弱时，可以在"环境"通道中为其添加"输出"贴图，通过设置输出量来进一步控制环境对材质的影响。

应用扩展：亮釉陶瓷材质

抛光瓷砖材质无论是在材质表现形态，还是在制作方法上，与釉面陶瓷之间都存在着许多相通之处。当然，如果釉面陶瓷需要表现得更为细腻，那么相应该材质的"光泽度"与"输出"贴图也就应更为精准（如图C-5所示）。

图C-5　亮釉陶瓷材质的调整及渲染效果

案例总结及目的：

通过学习抛光瓷砖材质的制作技巧，可以更为深入地认识材质光泽度与材质表面反射细节的内在联系，同时也能对"输出"贴图进行初步了解，以达到渲染场景中逼真反射的目的。

Materiat

026
C-F

○ ◆ ★

仿古瓷砖材质

| 材质用途：墙面、地面装饰 | 扩展材质：哑光不锈钢材质 |

材质参数要点：●高光光泽度　●折射光泽度
　　　　　　　●凹凸贴图

材质分析：

　　仿古瓷砖最早源自欧洲的上釉砖，后被传入中国，也有"泛古砖"、
"仿古砖"、"复古砖"之称，其中"仿古砖"
之名广为盛传。所谓仿古，指的是砖面具有粗糙
的凹凸效果，不仅具有极强的耐磨性，而且防滑
易清洁。其中，仿旧的砖纹样式透过朦胧的反射
特效，正是营造室内空间中岁月沧桑、怀旧韵味
的点睛之笔（如图C-6所示）。

图C-6　仿古瓷砖材质渲染效果

材质参数设置：

　　基本参数：将材质更改为VRayMtl材质的基础上，调整基本参数（如图C-7
所示）。

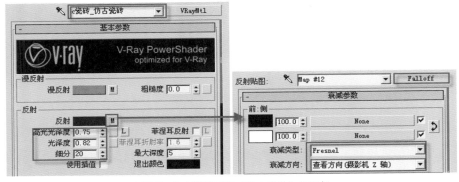

图C-7　仿古瓷砖材质"基本参数"卷展栏

　　贴图参数：添加"漫反射"与"凹凸"通道贴图，同时提高"环境"通道
的"输出量"，以确保瓷砖光亮质感的生成（如图C-8所示）。

较抛光瓷砖而言，仿古瓷砖的反射效果固然微弱许多，表现此种效果并不困难，只需降低"高光光泽度"与"折射光泽度"参数即可，这里分别设置为0.75与0.82，但此参数还需结合观察场景的视口角度以及特殊的光效综合处理，切勿趋于模式化（如图C-9所示）。

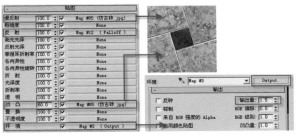
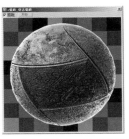

图C-8 仿古瓷砖材质"贴图"卷展栏　　　图C-9 仿古瓷砖材质示例球显示效果

应用扩展：哑光不锈钢材质

制作仿古瓷砖材质的粗糙质感，实际上始终都是在追求更为自然的反射光影效果，在此模拟模糊反射效果可借鉴一些哑光材质反射处理方法，如哑光不锈钢材质等（如图C-10所示）。

图C-10 哑光不锈钢材质的调整及渲染效果

案例总结及目的：

本例仿古瓷砖是基于"抛光瓷砖"材质的基础上，将反射特效更为写实化地突出体现，仅通过将反射参数进行微调，就可将凹凸纹理的细节更为突出地表达，最终实现此类瓷砖仿旧厚重的模拟意义。

027

C-B

●◆★

下载：\源文件\材质\C\027

玻璃马赛克材质

| 材质用途：墙面装饰 | 扩展材质：陶瓷马赛克材质 |

材质参数要点：●凹凸通道 ●凹凸贴图 ●输出反转

材质分析：

马赛克（Mosaic），建筑专业名词为锦砖，可分为陶瓷锦砖和玻璃锦砖两种。早期是使用许多小石块或有色玻璃碎片堆凑拼成的装饰艺术。时至今日，马赛克却以其绚丽多姿的形态成为室内外装饰材料的宠儿，常被用于铺设卫生间、厨房的墙面或地面，备受前卫、时尚人群的青睐（如图C-11所示）。

图C-11 玻璃锦砖材质渲染效果

材质参数设置：

基本参数：将材质更改为VRayMtl材质的前提下，调整其基本参数（如图C-12所示）。

贴图参数：添加"漫反射"与"凹凸"通道贴图，同时增强立体变化（如图C-13所示）。

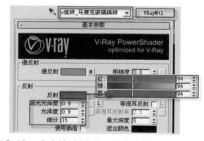

图C-12 玻璃锦砖材质"基本参数"卷展栏

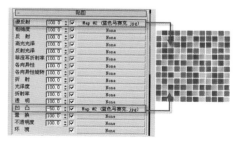

图C-13 玻璃锦砖材质"贴图"卷展栏

参数解密：

马赛克材质是由许多个体方形拼接而成的，其间必会存在缝隙，模拟此凹凸质感的方法与普通瓷砖原理是一样的，无非是通过凹凸贴图加以渲染。但由于此处采用原有漫反射通道贴图，倘若要将凹凸质感正常显示，还需将凹凸贴图的输出设置进行反转处理，以实现白色砖缝间真实的下陷效果（如图C-14所示）。

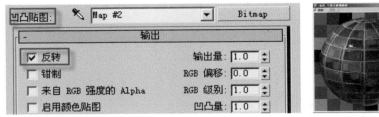

图C-14　玻璃锦砖材质凹凸贴图"输出"卷展栏及示例球显示效果

应用扩展：陶瓷马赛克材质

玻璃锦砖材质与陶瓷锦砖材质都属于马赛克材质的范畴，所以除外在的表现形式以外，其内在的制作原理是基本相同的。只不过在制作陶瓷锦砖材质时，应适当结合瓷砖材质的调整方法（如图C-15所示）。

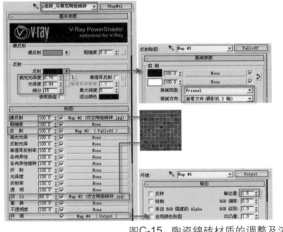

图C-15　陶瓷锦砖材质的调整及渲染效果

案例总结及目的：

学习本例中的马赛克材质的制作要点后，应对凹凸通道及相应贴图其设置意义的理解程度，上升到更为深层次的理论环节，同时达到巩固玻璃与瓷砖这两种不同属性材质基本制作方法的目的。

下载：\源文件\材质\C\028

平铺瓷砖材质

材质用途：墙面、地面装饰	扩展材质：平铺地砖材质

材质参数要点：●平铺设置　●砖缝设置　●淡出变化
　　　　　　　●颜色变化

材质分析：

　　所谓平铺瓷砖材质，在此是指使用3ds Max中"平铺"程序贴图所创建的瓷砖材质。由于此种贴图形式可根据软件中预设类型或自定义设置创意出许多的建筑砖块，所以在众多的程序贴图中得以脱颖而出，享有"砖块模板"之美名。此种贴图形式，不仅可以将瓷砖自身的光亮质感保留完整，而且最重要的是通过组合调整，可充分挖掘出砖块设计多重创新的艺术形式（如图C-16所示）。

图C-16　平铺青砖材质渲染效果

材质参数设置：

　　基本参数：在设置为VRayMtl材质的前提下，调整基本参数（如图C-17所示）。

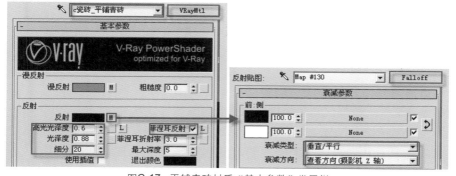

图C-17　平铺青砖材质"基本参数"卷展栏

※ 小贴士：青砖的反射效果较低，所以在此适度降低反射，同时勾选"菲涅耳反射"复选框。

贴图参数：添加"漫反射"与"凹凸"通道贴图，同时提高"环境"通道的"输出量"，以确保瓷砖光亮质感的生成（如图C-18所示）。

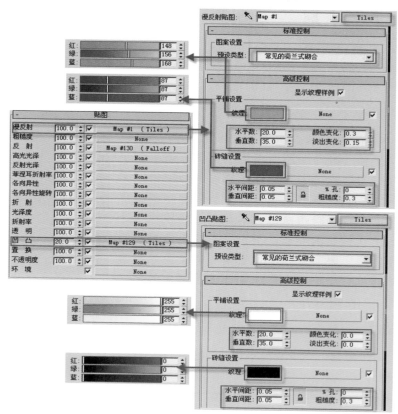

图C-18　平铺青砖材质"贴图"卷展栏

参数解密：

　　毋庸置疑，平铺瓷砖材质中"平铺"贴图一定是其中的重点选项，图案设置可根据需求进行预设或自定义分配，但"平铺设置"与"砖缝设置"要比例得当。倘若欲使砖块色彩更具动感，只需将"颜色变化"与"淡出变化"数值进行微调（如图C-19所示）。

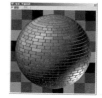

图C-19　平铺青砖材质
示例球显示效果

84

※ 小贴士：青砖的砖纹理较适合"常见的荷兰式切合"类型，倘若遇到其他砖纹，同样也可更换为相应的预设类型。同时，"凹凸"与"漫反射"通道中的"平铺"贴图水平及垂直参数要统一，以便内凹砖缝与砖块纹理完美结合。但其中"凹凸"通道中"平铺"贴图的"平铺"及"砖缝"颜色设置应选用对比度极强的黑白色彩，此选项是直接影响材质立体变化的关键。

应用扩展：平铺地砖材质

掌握了平铺青砖材质制作要点后，应进一步挖掘该贴图的制作原理，不应只停留在单色处理的阶段。实际上，在相应通道处添加位图，甚至是程序贴图，再配合不同的预设类型，可将其渲染出更具艺术美感的实体材质，如平铺地砖材质等（如图C-20所示）。

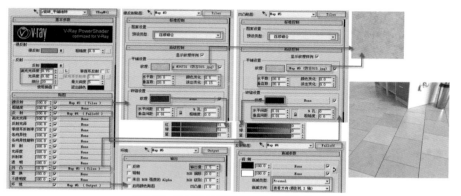

图C-20　平铺地砖材质的调整及渲染效果

※ 小贴士：利用纹理位图代替色彩设置，不仅丰富材质表面视觉变化，更能为材质立体质感的塑造增添精彩的细节。同时，为确保地砖材质表面光滑的釉感，可从其环境设置角度着手，通过提高该材质"环境"通道中的"输出"的输出量，可以切实有效地弥补平铺程序贴图与周边环境脱节的缺憾。

案例总结及目的：

本例"平铺"贴图是在无砖纹位图的前提下，针对室内外砖块材质而量身定制的贴图编辑命令，该方法在确保瓷砖质感的前提下，其砖块纹理组合较普通位图形式自主性更强，同时还可省去运用Photoshop软件加工贴图的烦琐程序，达到了高效制图的目的。

Materiat

029

C-Q

● ◆ ★

棋盘格墙砖材质

材质用途：墙面、地面装饰 ｜ 扩展材质：棋盘格壁纸材质

材质参数要点： ●子贴图 ●贴图平铺参数
●贴图偏移参数

材质分析：

在制作室内效果图时，"棋盘格"贴图也是3ds Max软件中常用于辅助表现墙砖、地砖以及织物、壁纸等材质的程序贴图。该贴图在保留原有材质固有属性的基础上，通过默认的黑白两色棋盘图案，可将材质纹理进一步调整规划。结合程序组建，最终可以形成层次脉络清晰，纹理结构丰富多变的材质贴图（如图C-21所示）。

图C-21　棋盘格墙砖材质渲染效果

材质参数设置：

基本参数：在设置为VRayMtl材质的前提下，调整基本参数（如图C-22所示）。

图C-22　棋盘格墙砖材质"基本参数"卷展栏

　　贴图参数：设置"凹凸"与"环境"通道相应贴图，以增强瓷砖的砖缝及光亮质感（如图C-23所示）。

参数解密：

　　棋盘格材质虽然只是通过两种颜色的替换来充实贴图的层次，而其中的黑白色块只是预设模板。根据需要能将其修改为任意颜色，或是为其继续添加子位图，同时还可配合"平铺"凹凸纹理。

　　但要注意确保子贴图与砖缝纹理贴图的坐标分布参数统一，必要时可为赋予该材质的物体添加"UVW贴图"修改命令，从而实现两种砖块真正完美的组合图样（如图C-24所示）。

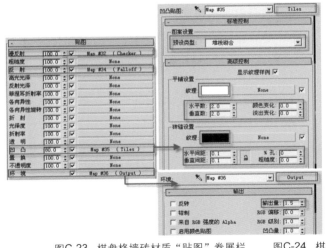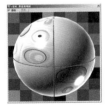

图C-23　棋盘格墙砖材质"贴图"卷展栏　　　　图C-24　棋盘格墙砖材质示例球显示效果

应用扩展：棋盘格壁纸材质

　　实际上，棋盘格材质的外在布局形式在结合"UVW贴图"修改命令的作用下，还可转化为竖纹形式，但子贴图的调整方法还是可以自由发挥的。一些织物或壁纸材质就是在普通棋盘格材质的基础上，嵌套了"混合"与"凹痕"等贴图后，将原有的外观轻而易举地改头换面（如图C-25所示）。

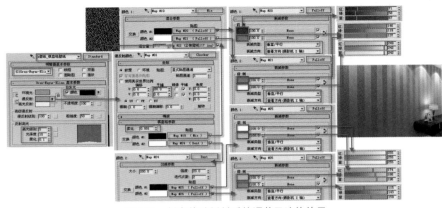

图C-25 棋盘格壁纸材质的调整及渲染效果

※ 小贴士："棋盘格参数"卷展栏的"柔化"设置是棋盘格两色之间边缘色域的控制选项，只需微调柔化值就能生成极明显的模糊融合效果，故在此只设置为0.001即可。

案例总结及目的：

通过学习本例棋盘格材质的制作方法，在增进对3ds Max软件程序贴图深入了解的同时，进一步巩固了相关室内常用材质（如瓷砖、壁纸材质）的基本设置方法，望读者能举一反三，从理论理解应用程序贴图内在原理的层次上升至灵活掌控的阶段，以积累更多的材质制作经验。

C

篇后点睛（C）

——瓷砖材质

说到瓷砖材质，不免使人联想起很多久远的手工制作产业。很早以前人类便已经懂得使用石块凿平的方式装饰房屋地面，接着由于陶瓷的发明，扁平的石片被演变成近似俗称为小马赛克模样的砖块，随后接踵而至的便是二丁挂、方块砖……目前室内装饰市场中瓷砖的款式、大小，功能已经十分齐全。由于其表面具有耐潮湿、耐酸碱，易清理的特性，所以此种材质多被用于厨房和卫

图C-26　瓷砖材质渲染效果

生间等空间（如图C-26所示）。同时，随着现代化技术的引进，一些瓷砖的展示效果已逐渐接近天然石材，所以在室内效果图中，该材质的表现更是比比皆是。可见，如此常用的材质其参数调整绝不能轻视。

材质难点：

普通的瓷砖材质参数设置较为简单，无非体现在反射影像的完整性以及瓷砖釉面触觉质感的刻画上。二者往往是相互制约的，其表层的釉面触感直接决定材质反射的细节；同时透过整体光环境的外部影响效应反射影像的完整性，也正是该瓷砖材质釉面触感的再现，无论是"玻化砖"还是"仿古砖"都无一例外。逼真的反射效果主要是由材质基本参数中"反射色彩"、"反射光泽度"及"光泽度"等参数来决定的（如图C-27所示）。

图C-27　抛光瓷砖材质"基本参数"卷展栏

相对此种反射效应而言，制作排列各异的瓷砖材质则会显得略有难度。因为贴图库中的贴图往往未必能完全满足现实场景中特殊瓷砖排列的次序性，所以为其添加必要的3D程序贴图及"UVW贴图"是大势所趋。例如：享有"砖块模板"之美名的"平铺"程序贴图及"棋盘格"贴图等，它们都可以在瞬间

改变砖块的排列形式，在序列中寻求一种突变的程序美感，不仅活跃了整体空间气氛，而且最重要的是设计师可以通过重组调整以划分挖掘砖块设计对空间划分的视觉艺术作用，以弥补部分空间的尺度缺憾。

无论制作任何瓷砖材质，除去满足其必备的釉面反射特效以外，体现其铺设细节的程序也不能只局限于二维平面上，而是应结合具有三维立体特效的凹凸贴图进行综合考虑。因为在光影的作用下，砖块间的漫反射纹理会较其他贴图纹理更为清晰，所以此种砖缝的细节变化只要巧妙利用凹凸通道便能得到事半功倍的奇效。

大多数瓷砖材质的凹凸贴图都是使用Photoshop软件结合该材质漫反射贴图文件的尺寸制作而成，其中图片主体部分为白色配合边缘处的黑色线型，利用黑白对比度的反差可以有效地反映于凹凸通道中，以模拟砖缝下陷的细节变化。同时，个别纹理粗糙的仿古瓷砖也可直接调用漫反射贴图，以追求瓷砖釉面更为夸张的立体变化，但其渲染时间往往也会随之增加（如图C-28所示）。

图C-28　抛光瓷砖材质 "贴图"卷展栏

就材质编辑制作环节而言，排列各异的瓷砖材质，虽属于众多瓷砖类材质中相对较有难度的一类，但是此类材质所使用的3D程序贴图，其整体的制作方法较其余材质所使用的技术更是技高一筹。

下面对本例中"平铺贴图"进行简单剖析。该材质的嵌套层次虽较为繁复，但深入观察便可获知，此材质无非是在兼顾反射的基础上，在"漫反射"通道与"凹凸"通道中添加几乎一样的3D"平铺"程序贴图。但在此不得不再次特殊强调，也正是那些常常被忽略掉的细节处，却是决定此材质能否迅速有效输出的关键。如："凹凸"通道中"平铺"程序贴图，只是保持"平铺"以及"砖缝"设置的间距数值等不变，而"颜色"、"淡出"变化却全部清零，更为重要的是一定要确保纹理通道中贴图纹理应去除，并将其设置为白色，同时结合合适的凹凸参数。进而，才能在尽其所能提高渲染速度的基础上，得到瓷砖缝隙正确的凹凸变化，此方法乃是很不错的（如图C-29所示）。

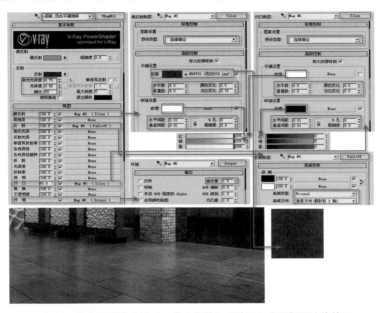

图C-29 仿古平铺地砖材质"基本参数""贴图"卷展栏及渲染效果

实际上，近似此种设置方法的材质颇多，不过往往由于外部材质条件相对较为充足而被人所忽视，但无论何种方式，权衡速度能够渲染出近似逼真的材质效果才是重中之重。如以本例中金属马赛克材质为例，即使此材质的贴图并不是尽善尽美，但巧取其部分图案，足以弥补图案贴图的缺憾（如图C-30所示）。

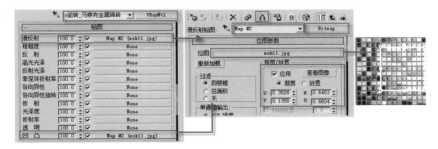

图C-30 马赛克金属锦砖材质 "贴图"卷展栏

倘若外部材质条件不允许，结合使用"平铺"或"棋盘格"程序贴图作为输出通道，为其添加有色金属的质感反射，同样也可达到近似逼真的金属马赛克材质效果（如图C-31和C-32所示）。

图C-31　马赛克金属程序锦砖材质 "基本参数"卷展栏

图C-32　马赛克金属程序锦砖材质 "贴图"卷展栏及渲染效果

　　可见，瓷砖材质其多样的制作方法层出不穷，有待于进一步探讨的技巧更是屡见不鲜，因此在此基础上深入理解，举一反三才是真正领悟瓷砖材质内在制作的真谛。

D——灯光材质
D——地毯材质

灯光材质 —————— 030-033

在室内效果图中的灯光材质，大体上可分为两种：一种为虚拟发光的材质，其应用原理是依靠场景中实体灯光的照射，再配合自发光材质进行模拟的灯光材质；而另一种是与之对应的真实发光材质，它是通过"VRay灯光材质"或"VR材质包裹器"的计算原理，把所指定的物体当作实体发光的光源使用。

从而，由此演变出形式多样的灯光材质，如灯罩、灯带甚至显示屏幕等。在制作的过程中，还需结合不同的空间环境及场景中其他光源进行综合处理，才能得到更为贴切的光能效果。

序 号	字母编号	知识等级	用 途	常用材质	扩展材质
030	D-X	●	陈设品装饰	虚拟灯罩材质	射灯灯片材质
031	D-F	◆	陈设品装饰	发光灯罩材质	VR材质包裹器墙面材质
032	D-D	◆	陈设品装饰	灯带材质	霓虹灯材质
033	D-T-M	◆	陈设品装饰	投影幕布材质	液晶电视屏幕材质

030

虚拟灯罩材质

D-X

| 材质用途：陈设品装饰 | 扩展材质：射灯灯片材质 |

材质参数要点： ●自发光 ●不透明度 ●渐变贴图

材质分析：

虚拟灯罩材质虽说是常用材质，实际上多用于赋予场景中较小且只表面发光或距离观察视口较远的模型。因为所谓虚拟效果，实际上只是通过3ds Max标准材质的"自发光"设置进行模拟的。其渲染速度相对较快，而且材质的通透性较好，更加适合一些质地轻薄的灯罩材质（如图D-1所示）。再配合适合的灯光渲染，栩栩如生的发光灯罩立即呈现于场景之中。

图D-1 虚拟灯罩材质渲染效果

材质参数设置：

基本参数： 在保持Standard材质的前提下，设置基本参数及"不透明度"通道的衰减贴图（如图D-2所示）。

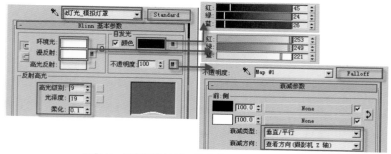

图D-2 虚拟灯罩材质"基本参数"卷展栏

贴图参数： 添加"漫反射"、"凹凸"及"自发光"通道贴图，同时调整相应参数（如图D-3所示）。

参数解密：

　　虚拟灯罩材质虽是虚假的光照材质，但之所以能够表现出光照后的通体透明与光亮的效果，其中"自发光"与"不透明度"通道的贴图及参数设置起了不容忽视的作用。结合"渐变"贴图的自定义颜色，可以将灯罩材质渲染得更具立体效果（如图D-4所示）。

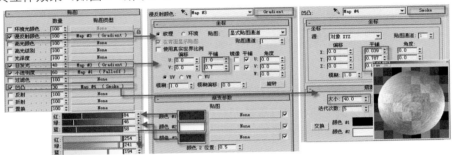

图D-3　虚拟灯罩材质"贴图"卷展栏　　　　图D-4　虚拟灯罩材质示例球显示效果

※ 小贴士：对于光照效果较弱的灯罩材质，可将凹凸通道的烟雾贴图取消，以减少凹凸阴影带来的灰暗变化。

应用扩展：射灯灯片材质

　　与其称虚拟灯罩材质，不如将其统称为"自发光"材质，因为在室内场景中还有许多发光模型都可使用该材质的制作方法加以模拟。其中包含在射灯里的灯片或反光板就是最好的例证，通过添加该材质即可让材质表面达到光亮效果，同时还能有效地确保渲染速度，可谓是一箭双雕（如图D-5所示）。

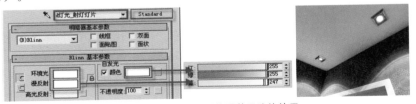

图D-5　射灯灯片材质的调整及渲染效果

案例总结及目的：

　　通过学习虚拟灯罩材质的制作技巧，使读者加深了对3ds Max标准材质中"自发光"设置的认识与理解，结合微弱的反射高光，充分发挥自发光色彩与"渐变"贴图的双重潜能，继而实现运用虚拟光照迅速提高渲染实效的目的。

031

D-F

● ◆ ★

发光灯罩材质

材质用途：陈设品装饰 ｜ 扩展材质：VR材质包裹器墙面材质

材质参数要点：●VR材质包裹器 ●产生全局光照
●接受全局照明

材质分析：

该发光灯罩材质是通过为灯罩模型赋予"VR材质包裹器"材质，来模拟灯光照射的效果，并非单纯使用场景灯光加以辅助，其中"VR材质包裹器"对周边的物体可以产生一定的光照效应。

此种效应是利用灯罩模型产生与接受全局光照属性的精确控制得以激发的，它可以使此灯罩模型在轻松保持自身特有亮度的基础上，同时运用散发出的光线凸显自身立体的纹理质感（如图D-6所示）。

图D-6 发光灯罩材质渲染效果

材质参数设置：

基本参数：将材质设置为"VR材质包裹器"材质，调整相应参数（如图D-7所示）。

图D-7 发光灯罩材质"基本参数"卷展栏

参数解密：

利用"VR材质包裹器"来制作发光灯罩材质，该材质的"产生全局照明"

与"接受全局照明"参数的扩大比例，便是其中的制作难点。结合场景中其他灯光对此灯罩物体的照射亮度，应对以上两种参数的设置仔细斟酌，做到适当扩大即可，默认设置为"1"，此场景中只是提升至"2"与"4"，切忌肆意夸张，以免造成曝光过度的后果（如图D-8所示）。

图D-8　示例球显示效果

应用扩展：VR材质包裹器墙面材质

实际上此种全局光计算原理，不但能够扩大参数进行材质表面亮度变化的设置，而且将其应用于颜色饱和度较高的物体上，还可轻松地驾驭该材质对其他物体的色彩影响，如大面积的深色木地板及艳色的沙发对白色墙面的色彩感染力（如图D-9和D-10所示）。

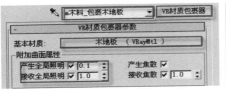

图D-9　深色木地板及红绒布材质"VR材质包裹器参数"卷展栏

未使用"VR材质包裹器"的渲染效果　　使用"VR材质包裹器"后的渲染效果

图D-10　使用"VR材质包裹器参数"前后对比效果

案例总结及目的：

通过使用"VR材质包裹器"材质来模拟发光灯罩材质，应对材质与全局照明的关系更为理解，同时从理论上增进对"产生全局光照"与"接受全局照明"参数的认识，在掌握发光灯罩材质制作的基础上，达到解决效果图制作中材质间"色溢"问题的目的。

032

D-D

灯带材质

材质用途：陈设品装饰 | 扩展材质：霓虹灯材质

材质参数要点： ●VR灯光材质 ●亮度参数

材质分析：

灯带，一般都是由焊接的LED灯光构成，故也有LED灯带之称。从早期LED灯光焊接于铜线的PVC管状或扁状的灯带开始，时至今日，灯带在室内外装饰市场中已发展成为采用柔性线路板，即FPC来做载体的高科技产品。由于其加工工艺简便，且柔和光晕对环境渲染气氛的烘托效果极为显著，所以在装饰时被广泛使用（如图D-11所示）。

图D-11 灯带材质渲染效果

材质参数设置：

基本参数： 将材质更改为"VR灯光材质"，调整其基本参数（如图D-12所示）。

图D-12 灯带材质"参数"卷展栏

※ **小贴士：** 由于灯带内嵌于较深的凹槽缝隙之间，倘若欲渲染出光亮梦幻的光线效果，还需结合实景适度放大亮度参数，这里设置为30。

参数解密：

灯带材质是使用"VR灯光材质"的发光原理，将内嵌于凹槽的模型赋予该材质，令其模拟发出光照特效。其中的参数设置较为简单，只需将其参数提升即可，但同时要注意结合所选颜色或贴图自身的亮度（如图D-13所示）。

A B C D G J K L M P R S T Y Z

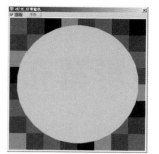

图D-13 灯带材质示例球显示效果

应用扩展：霓虹灯材质

在效果图中，利用"VR灯光材质"所制作的灯带较使用VR平面灯光方式，在造型上更为随意。无论是直线还是曲线灯带，甚至是霓虹灯字体，都可以引用此"VR灯光材质"的光照原理进行制作（如图D-14所示）。

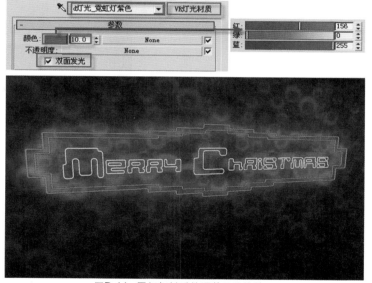

图D-14 霓虹灯材质的调整及渲染效果

案例总结及目的：

通过学习本例灯带材质的制作，使读者对"VR灯光材质"有了初步了解，而且为更多近似发光材质的制作方法拓展了思路，同时以弥补了使用VR平面灯光制作曲线灯带的缺憾。

033

D-T-M

投影幕布材质

材质用途：陈设品装饰　|　**扩展材质：液晶电视屏幕材质**

材质参数要点：●VR灯光材质　●VR灯光贴图
　　　　　　　●双面发光

材质分析：

制作投影幕布材质首先要抓住其布料材质的固有属性，随后便是凸显光亮特效这一重点。反射极其微弱的幕布被幻灯照射后，便如同室内空间中的主要光源，所以该材质采用"VR灯光材质"的光亮原理进行模拟。制作时，在确保幕布图像清晰显示的同时，由其表面所散发的相应光芒，更是材质制作的难点（如图D-15所示）。

图D-15　投影幕布材质渲染效果

材质参数设置：

基本参数：将材质更改为"VR灯光材质"，调整其基本参数（如图D-16所示）。

参数解密：

投影幕布材质实际上与灯带材质的编辑方法相似，都是使用"VR灯光材质"的发光原理，但该材质所照射出的光色并非是通过单色设置而得到的，其中所引用的位图图像才是灯光色彩的根源。同时，再配合"双面发光"设置，更能凸显出幕布材质透光的布料质感（如图D-17所示）。

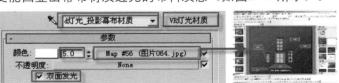

图D-16　投影幕布材质"参数"卷展栏

图D-17　投影幕布材质示
例球显示效果

应用扩展：液晶电视屏幕材质

"VR灯光材质"的灯光调整方法主要适合于模拟类似于投影幕布这一类的反射较弱的图像发光载体，而在现实生活中许多发光体不仅需要散发一定照度，更是具有不同程度的反射特效，如灯箱、电视或计算机显示屏幕等。它们多数是由玻璃或高亮度的有机玻璃板制成，其表面反射效果极强。模拟此类材质使用"VR材质包裹器"方法是更佳的选择，实际上潜在的反射效应也正是VRay渲染器中两种发光材质的本质区别（如图D-18所示）。

图D-18　液晶电视屏幕材质的设置参数

※ 小贴士：利用"VR材质包裹器"来制作液晶电视屏幕材质，实际上与制作发光灯罩材质的应用原理完全一样，只不过显示屏表面的玻璃质感较灯罩表面更具反射效应（如图D-19所示）。

图D-19　液晶电视屏幕材质的渲染效果

案例总结及目的：

本例中"投影幕布"与"液晶电视屏幕"这两种材质看似属于同一类，二者都可自身发光且兼具显示图像的功能，但实际上由于它们的不同反射效果，所以其制作方法也是大相径庭。它们分别使用的是"VR灯光材质"与"VR材质包裹器"方法，通过渲染学习，在熟悉两种制作技巧的同时，要求对二者个体属性明确划分，以达到深入理解其内在本质区别的目的。

地毯材质

  无论是在现实生活中，还是就计算机室内效果图而言，地毯都是极为常见的装饰品，它的花色、图案乃至质地种类可谓琳琅满目。但大多数的地毯都是以棉、麻、毛、丝、草等天然纤维或化学合成纤维为原料，经手工或机械工艺进行编结、栽绒或纺织而成的。

  近些年，地毯的实用价值逐渐淡化，但其装饰价值、美学价值甚至收藏价值等却纷纷得到了充分的显现。尤其在家居卧室空间、酒店宾馆、办公写字楼、公共娱乐等场所地毯都扮演着十分重要的角色，它既可以满足室内空间隔热、防潮、舒适等功能，同时也在潜移默化之中散发出独具一格的高贵艺术气息。

序　号	字母编号	知识等级	用　途	常用材质	扩展材质
034	D-P	●	陈设品装饰	普通地毯材质	褶皱沙发布套材质
035	D-V-Z	●	陈设品装饰	VR置换地毯材质	悬挂毛巾材质
036	D-V-M	★	陈设品装饰	VR毛发流苏地毯材质	椅子流苏边材质
037	D-S	◆	陈设品装饰	双色程序地毯材质	双色程序装饰板材质
038	D-T-Y	◆	陈设品装饰	透空圆形地毯材质	透空植物材质

034

D-P

普通地毯材质

材质用途：陈设品装饰 | 扩展材质：褶皱沙发布套材质

材质参数要点：●凹凸通道 ●凹凸参数

材质分析：

普通地毯材质，顾名思义在一般的室内场景中最为常见。在现实生活中无论是棉、麻制品，还是毛制品等，在室内效果图的绘制过程中都将其归为反射较低的织物材质。但主要突出表现的是其表面凹凸起伏的质感，再配合室内外特殊光效的作用，层次分明的绒毛纤维更加独具立体光影的细微变化（如图D-20所示）。

图D-20 普通地毯材质渲染效果

材质参数设置：

基本参数：在保持Standard材质的前提下，设置基本参数（如图D-21所示）。

图D-21 普通地毯材质"基本参数"卷展栏

贴图参数：为"漫反射"、"凹凸"通道添加位图贴图，同时调整相应参数（如图D-22所示）。

参数解密：

普通地毯材质由于其制作方法简单且渲染速度较快，所以更适用于室内场景中大面积铺设的地面上。其中凹凸通道中的参数设置要根据所处环境中光效氛围综合考虑。在此由于周边环境较暗，结合相应位图图像，所以将其设置为100（如图D-23所示）。

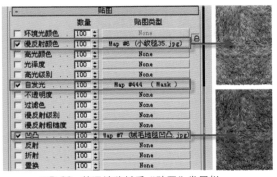

图D-22　普通地毯材质"贴图"卷展栏　　　　图D-23　普通地毯材质示例球显示效果

应用扩展：褶皱沙发布套材质

实际上，普通地毯材质便是把反射微弱的绒布材质立体化处理的产物，与褶皱沙发布套及靠枕材质的操作步骤基本相同，只是针对细节的起伏变化有所区别（如图D-24所示）。

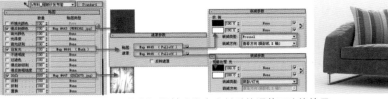

图D-24　褶皱沙发布套材质的调整及渲染效果

案例总结及目的：

通过学习普通地毯材质，在进一步复习绒布材质其反射特效的基础上，对材质立体凹凸质感的制作方法再次进行了深入记忆，使读者对效果图三维空间的概念更为明确，进而达到从理念上提高制图渲染速度的目的。

Material

035
D-V-Z
● ◆ ★

VR置换地毯材质

材质用途：陈设品装饰	扩展材质：悬挂毛巾材质

材质参数要点：●置换贴图参数 ● "VRay置换模式"修改器
●模型分段

材质分析：

　　VR置换地毯材质是在结合 "VRay置换模式" 修改器的基础上，才能得以
理想发挥的材质类型。此种材质的编辑方法虽说
不上复杂，但是要求的渲染时间相对较慢。仅就
渲染效果而言，置换设置是导致渲染速度减缓的
关键，也正是它促进了该材质立体的细节变化远
远超出以往概念中的地毯纤维凹凸质感。所以多
数情况下，会用此材质来表现凹凸明显的花纹地
毯（如图D-25所示）。

图D-25　VR置换地毯材质渲染效果

材质参数设置：

　　贴图参数：将材质设置为VRayMtl材质，调整相应贴图参数（如图D-26
所示）。

※ 小贴士：根据此类地毯材质表面粗糙的织物特性，所以该材质的 "反射" 与 "折
射" 等基本参数可以不过多调整。

　　置换参数：为地毯模型添加 "VRay置换模式" 修改命令，设置置换纹理贴
图及参数（如图D-27所示）。

图D-26　VR置换地毯材质 "贴图" 卷展栏

图D-27　地毯模型置换参数

107

参数解密：

由于VR置换地毯材质渲染速度稍慢，所以在制作时首先考虑的是参数及渲染时间的正确比例。无论是置换贴图还是置换修改器中的参数都不宜过高，但一些必不可少的参数切记不能忽视，如地毯模型的分段参数（如图D-28所示），只有将其进行合理地划分才是确保最终完美效果的前提（如图D-29所示）。

图D-28　地毯模型基本参数　　　图D-29　VR置换地毯材质示例球显示效果

应用扩展：悬挂毛巾材质

VR置换地毯材质的制作方法与毛巾材质基本相同，只不过鉴于毛巾材质的凹凸纹理较为细小，所以其置换参数更为精细。除此之外，二者几乎相同，即使对于二者模型的分段细化问题上，也是一致的（如图D-30所示）。

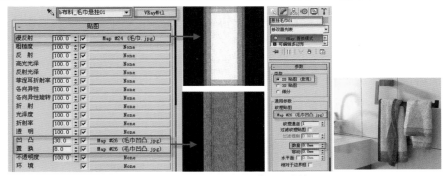

图D-30　悬挂毛巾材质的调整及渲染效果

案例总结及目的：

通过对该材质的调整训练之后，读者应对VRay渲染器中置换设置的相关命令有了更为深入地了解，同时也应实现真实模拟地毯材质立体变化的目的。

Materiat

036

D-V-M

● ◆ ★

VR毛发流苏地毯材质

| 材质用途：陈设品装饰 | 扩展材质：椅子流苏边材质 |

材质参数要点：●VR毛发 ●不透明度 ●衰减坡度参数

材质分析：

VR毛发流苏地毯主要是依靠为地毯模型添加相应的VR毛发物体，随后再为该毛发物体赋予具有透明特效的毛发材质，进而渲染出长短不一的绒毛毛发效果。所以，VR毛发材质往往更适合表现绒毛质感较长，且极具变化的织物（如图D-31所示）。

图D-31　VR毛发流苏地毯材质渲染效果

材质参数设置：

VR毛发地毯参数：为调整好面型结构的地毯模型制作相应的VR毛发物体，并调整参数（如图D-32所示）。

VR毛发地毯流苏参数：为分离出的地毯流苏模型制作相应的VR毛发物体，并调整参数（如图D-33所示）。

图D-32　地毯模型"VR毛发"修改面板　　图D-33　地毯流苏模型"VR毛发"修改面板

109

※ 小贴士：为了确保地毯与其流苏边缘流畅顺滑，应对段数充分的切角多边形进行地毯面型与流苏边线的分离设置，随后为其分别创建相应的VR毛发物体及材质，具体的切分形式请参见配套下载资料模型。

VR毛发地毯贴图参数：将材质设置为VRayMtl材质，调整相应的"漫反射"与"不透明度"参数贴图（如图D-34所示）。

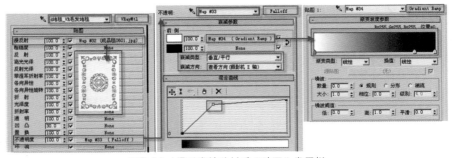

图D-34　VR毛发地毯材质"贴图"卷展栏

VR毛发地毯流苏边贴图参数：将材质设置为VRayMtl材质，调整相应的"漫反射"与"不透明度"参数贴图（如图D-35所示）。

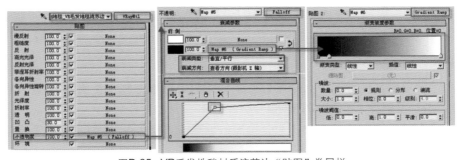

图D-35　VR毛发地毯材质流苏边"贴图"卷展栏

※ 小贴士：地毯流苏边颜色多数为单色，所以可根据要求在漫反射区域内自定义颜色，无须为其再次添加贴图。

参数解密：

VR毛发流苏地毯材质的制作整体来讲有一定的难度，首先要考虑相应VR毛发物体的参数设置，其中长度、厚度、重力以及方向参数都是导致毛发外形轮廓的关键；除此之外，VR毛发材质更是渲染地毯绒毛质感的"撒手锏"，注意"不透明度"通道中，渐变形式衰减贴图，其中衰减坡度参数可结合实体场景光影变化灵活调整（如图D-36所示）。

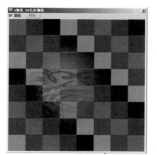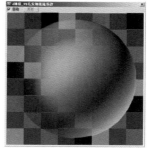

图D-36　VR毛发地毯材质及VR毛发地毯流苏边材质示例球显示效果

应用扩展：椅子流苏边材质

实际上，流苏边的设计历史悠久，但这几年无论是在服饰行业还是在装饰市场上，都十分走俏。所以运用VR毛发原理所制作的织物在我们身边可谓无处不在，如布料座椅的装饰边或窗帘扣装饰等（如图D-37所示）。

图D-37　布料座椅的装饰流苏边模型置换参数调整及渲染效果

案例总结及目的：

本例VR毛发流苏地毯材质成功的表现原理，实际上并不单纯依靠材质的编辑与调整，其中与地毯模型相对应的VR毛发物体同样重要，通过各个参数的反复调试，从而达到真正灵活地掌控各种毛发物体的塑造目的。

037

D-S
●◆★

下载：\源文件\材质\D\037

双色程序地毯材质

| 材质用途：陈设品装饰 | 扩展材质：双色程序装饰板材质 |

材质参数要点：●混合贴图 ●斑点贴图

材质分析：

双色程序地毯材质是在结合3ds Max"混合"程序贴图的基础上，自拟颜色的材质制作方式。该方法自主性较强，可以在固定图案样式前提下，结合不同的场景环境自由发挥色彩创意，进而简化了同类材质更换的烦琐程序（如图D-38所示）。

图D-38　双色程序地毯材质渲染效果

材质参数设置：

基本参数：将材质更改为"VR灯光材质"，调整其基本参数（如图D-39所示）。

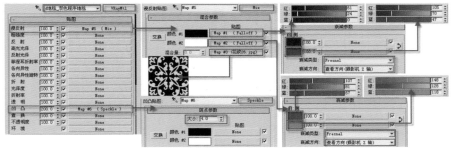

图D-39　双色程序地毯材质"贴图"卷展栏

参数解密：

双色程序地毯材质的制作重点在"双色"二字上，其中"混合"贴图便是能灵活操控该材质颜色的"引线"。注意不同衰减区域的颜色差异，最好能够在同一色系中寻求冷暖或明度的细微变化。此外，凹凸通道中的凹凸参数可适度增大，以强调地毯材质的立体变化，但切勿一味加大"斑点"大小参数，以免造成颗粒质感失真的后果（如图D-40所示）。

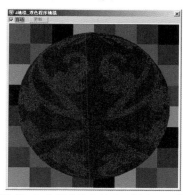

图D-40 双色程序地毯材质示例球显示效果

应用扩展：双色程序装饰板材质

　　双色程序地毯材质所利用的3ds Max程序贴图，除此之外还可以应用于很多领域，如双色的壁纸材质或双色的装饰板材质等。总之，具有双色特性的图案纹理材质都可以依此求证（如图D-41所示）。

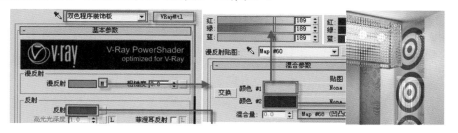

图D-41 双色程序装饰板材质的调整及渲染效果

※ 小贴士：同样是运用"混合"贴图，添加一定的反射效果，也可将图案贴图在自定义双色设置下发挥其另类的奇效。

案例总结及目的：

　　通过本例中双色程序地毯材质的学习，使读者深入掌握了"混合"贴图的设置方法，结合混合位图可以将自定义色彩的成效发挥到极致，继而从中摸索经验，将"混合"贴图的调整原理运用到更多的材质制作领域。

Material

038

D-T-Y

●◆☆

透空圆形地毯材质

| 材质用途：陈设品装饰 | 扩展材质：透空植物材质 |

材质参数要点： ●不透明度 ●VR置换模式

材质分析：

透空圆形地毯材质实际上就是现实生活中的异形地毯，以正圆形居多，较适用于局部铺设。此种材质的制作受到贴图形式的限制较多，所以在选择贴图时应格外斟酌。将不同形式的贴图看做模拟材质的遮罩滤镜，进而根据需求制作出相应的外形轮廓（如图D-42所示）。

图D-42 透空圆形地毯材质渲染效果

材质参数设置：

贴图参数： 更换为VRayMtl材质，为"漫反射"、"凹凸"及"不透明度"通道添加相应位图贴图，同时调整参数（如图D-43所示）。

置换参数： 为圆形地毯模型添加"VRay置换模式"修改命令，调整置换纹理贴图及参数，以增强地毯材质的立体感（如图D-44所示）。

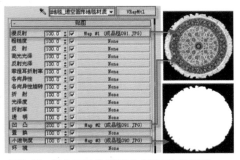

图D-43 透空圆形地毯材质"贴图"卷展栏

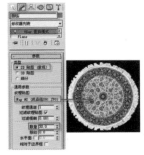

图D-44 圆形地毯模型置换参数

※ 小贴士：对于"不透明度"通道而言，位图贴图中的纯黑色区域就是需要透空的部分，此原理与"凹凸"通道中所选用的位图是基本一致的，所以可根据需求，自行定义各通道中的贴图形式。

参数解密:

对于透空圆形地毯材质来讲，首先要明确该材质始终都属于地毯材质的范畴，所以为了凸显其地毯材质的立体质感，添加"VRay置换模式"修改命令是必需的。但是，在此基础上还需兼顾此材质所特有的透空造型特点，因此，应在"不透明度"中添加一张与"漫反射"通道贴图轮廓外形完全对应的黑白位图，并将通道参数设置为"100"，才能确保该地毯材质的透空外形可以完美展现（如图D-45所示）。

图D-45 透空圆形地毯材质示
例球显示效果

应用扩展: 透空植物材质

应用此透空原理，除圆形地毯材质以外，还可以将其应用于很多领域，如盆栽植物、远处的铁艺栏杆以及很多具有异型轮廓的物体之上。但注意，其中不同通道贴图的图案外形一定要形式统一，以免造成影像重叠的视觉误差（如图D-46所示）。

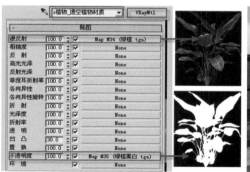

图B-46 透空植物材质的调整及渲染效果

案例总结及目的:

通过学习透空圆形地毯材质的制作方法，使读者加强对不同通道及相应贴图之间关系的深入了解，尤其对运用"不透明度"通道而形成的透空材质。确保在科学有效地制作效果图模型的同时，采用材质贴图的形式加以模拟，进而达到减少制作面型，提高渲染效率的目的。

D

篇后点睛（D）

——灯光材质、地毯材质

材质总结：

任何室内场景几乎都离不开人工光源的烘托，哪怕是日景室内效果图的表现，因为在多数室内场景中人工光源已不单纯充当普通照明的单一角色。为烘托整体画面艺术氛围，人工光源在其中会起到更为决定性的作用，而利用材质表现的人工灯光（灯光材质）是VRay渲染器区别于其他渲染软件卓尔不群的一大亮点。此外，对于地毯材质来讲，倘若要表现其层次分明的的

图D-47 灯光地毯材质渲染效果

凹凸质感，那么巧用VRay渲染器结合3D程序贴图，将会产生立竿见影的效果（如图D-47所示）。

材质难点：

在VRay渲染器中表现灯光材质主要是选用其特有的发光技术，所以"VR材质包裹器"和"VR灯光材质"是首当其冲的选择对象。"VR材质包裹器"材质是利用"产生全局照明"与"接受全局照明"两者参数的扩大比例来增进材质表面的光亮度，难点是结合材质自身所散发出的光线凸显贴图的立体纹理质感。所以多数情况下，巧用此种材质表现灯罩模型表面的光亮质感，效果尤为突出（如图D-48所示）。

图D-48 发光灯罩材质"VR材质包裹器"参数卷展栏及渲染效果

其中，位于"VR材质包裹器"之下的子材质，同样能够影响最终渲染效果，即使是简单的标准材质，为其添加适当的自发光贴图也可进一步增加灯罩材质表面的光亮质感（如图D-49所示）。此外，增加表面的凹凸立体质感还要归功于凹凸通道中的"烟雾"贴图，巧用黑白两色的平铺参数便可轻松打造出近似斑点的凹凸细节（如图D-50所示）。

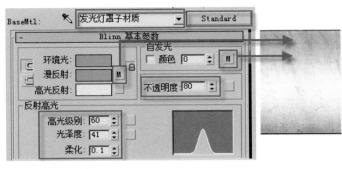

图D-49 发光灯罩子材质"基本参数"卷展栏

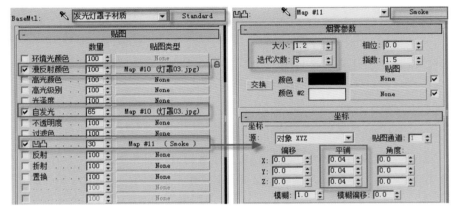

图D-50 发光灯罩子材质"贴图"卷展栏

对于只需表面发光,且具备突出亮度的灯带模型,多数人都会使用"VR灯光材质"加以编辑。因为此种材质可以有效地避免VR灯光灯片反光的缺憾,同时造型样式也是更为自由,所以设置方法极为简单的"VR灯光材质"便是制作灯带尤其是异形灯带的不二之选。其中,难点是结合场景提高灯光材质的亮度参数,不易过度追求数值最大化,以避免周边物体表面被该材质影响过度,而造成曝光的现象(如图D-51所示)。

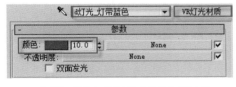

图D-51 蓝色灯带材质"参数"卷展栏

核心技巧:

应用绘制灯罩的"VR材质包裹器"材质的发光原理赋予电视屏幕模型上,该屏幕便会自然发光,同时兼具显示屏幕图案的效果(如图D-52所示)。另外,在整体背景较为昏暗的环境中,为凸显其光照作用,可在该模型前添加适当实体光照。在使用VRay渲染器的条件下，往往使用VRay灯光（平面）最为合适（如图D-53所示）。其中，满足光照效果增大适宜的倍增器，当然必不可少，但也不能忽视纹理贴图对灯光照射的辅助作用（如图D-54所示）。因为与电视屏幕图案对应的纹理贴图可以在确保光照亮度的基础上，增进其整体光照的真实感，以及相应的反射图案效果，否则其反射便会是没有图案的单一颜色，此设置技巧会令整体图面更为异彩纷呈（如图D-55所示）。

图D-52 液晶电视屏幕材质"VR材质包裹参数"卷展栏

图D-54 VRay平面灯光参数卷展栏

图D-53 电视屏幕材质前VRay灯光位置

图D-55 电视屏幕材质反射效果

实际上，利用VRay渲染器制作时的技巧数不胜数。例如：地毯材质最大的亮点是VR置换与VR置毛发材质所模拟的立体逼真效果，此设置技巧就是巧妙利用材质赋予的方法来替代模型创建的烦琐过程，尤其对于地毯近景凹凸立体及边部流苏的不规则效果。不过，由于此类设置方法对于计算机的硬件要求较高，往往使渲染速度随之减慢，所以对于较大的室内空间多数会用普通地毯材质所替代。如本例中的满铺地毯便是择优选用"凹凸贴图"的方式替代"置换贴图"，在确保渲染质量的前提下，以寻求更为科学的材质赋予方式。可见，尖端的技术并不是哪里都适用，擅用各类材质的优势才是真正理解材质核心技巧的体现（如图D-56所示）。

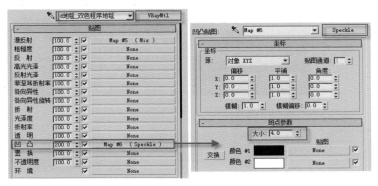

图D-56　地毯材质"贴图"卷展栏

技术优势：

当地毯贴图的色彩不能满足场景需要的时候，使用3D程序贴图加以组合可以有效地丰富材质的显示效果。此处的3ds Max "混合"程序贴图可以看作是普通地毯贴图的延展通道，巧用其中的贴图"混合"技术优势，将自定义衰减的色彩进行巧妙搭配，进而形成图案有序且色彩多变的混合双色程序地毯材质（如图D-57所示）。

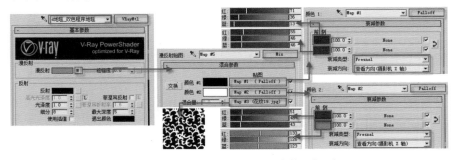

图D-57　双色程序地毯材质"基本参数"卷展栏

对于异形的发光体在室内场景中还是较为常见的，如曲线灯带及霓虹灯标志及字形等，如本例中星形装饰物便是典型的代表。制作此种材质使用"VR灯光材质"最为合适，因为此种材质可以完全替代灯光的发光作用，且对模型表面的形态结构毫无影响，同时还可以自如地突出其光线均匀细腻的技术优势（如图D-58所示）。

图D-58　灯饰材质"参数"卷展栏及渲染效果

在本例中涉及的材质极为局限，只是几种常用灯光及地毯材质的典型范例。针对地毯材质而言，相信随着织物种类的增进，该材质的细节变化也会随之更为丰富，但是其设置原理变化不大，如立体凹凸感的变化等。总之，理解材质编辑的内在原理才是拓展材质制作的根基。

G——高动态范围贴图（VRayHDRI）

G

高动态范围贴图 （VRayHDRI）—039

　　VRayHDRI中文将其译为"高动态范围贴图"。此贴图是一种较为特殊的文件格式，它不仅具备普通图像信息的影响效果，更重要的是它还包括灯光信息的功能，在某种情况下可以将其看作是一种对场景极具影响力的色彩光源。

　　实际上，早在3ds Max 7中，就已支持HDRI文件渲染了。它可以像其他位图贴图一样应用于场景材质的各种贴图通道中，其中多用于反射与环境通道；也可以将其安置在系统背景环境贴图下；或者直接添加在VRay渲染器环境特效中。但将其特效优势完全发挥的方式还应属VRayHDRI（高动态范围贴图）与VR灯光的结合应用，因为它能够更加写实地渲染出VRayHDRI全局光照的效果。

序　号	字母编号	知识等级	用　途	常用材质	扩展材质
039	G-V	●	环境装饰	VRayHDRI材质（灯光）	VRayHDRI材质（环境）

Material

039

G-V

● ◆ ★

下载：\源文件\材质\G\039

VRayHDRI材质（灯光）

| 材质用途：环境装饰 | 扩展材质：VRayHDRI材质（环境） |

材质参数要点：　●全局多维　●材质贴图类型　●水平旋转
●垂足旋转

材质分析：

将VRayHDRI（高动态范围贴图）材质作为纹理贴图添加至 3ds Max中的VR灯光中，不仅是塑造金属、玻璃材质强烈反射质感的捷径；更重要的是将其真正应用于VR灯光后，对整体画面灯光渲染多层次的色效及光照质量的突出作用，这些都是其他类型贴图所无法比拟的。所以，此种将VR灯光与VRayHDRI（高动态贴图）的结合使用方法，也同样是完全发挥HDRI渲染优势的最佳选择（如图G-1所示）。

图G-1　VRayHDRI材质应用
于VR灯光的渲染效果

材质参数设置：

基本参数：为已有的VR穹顶灯光添加VRayHDRI纹理贴图，同时将其实例复制到材质编辑器中，并设置相应参数（如图G-2所示）。

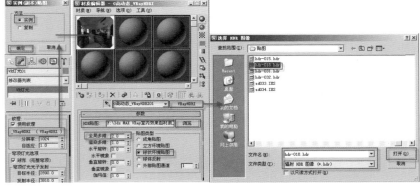

图G-2　VRayHDRI材质"参数"卷展栏

124

参数解密：

毋庸置疑，通过VRay灯光其自身倍增器可掌控整体画面的光照亮度，但通过调整VRayHDRI材质的"全局多维"参数同样可以对图面的光照加以控制，数值越大相应此VRayHDRI所映射出的光照亮度也会越强，此处设置为"2"。但如果欲调整VRay灯光的颜色对图面光照效果则不会见效，因为此时的VRayHDRI的图像颜色完全取代了前者。

除此以外，VRayHDRI材质的贴图类型也是决定光照反射微妙变化的关键，每种形式所适合的场景及模型造型也略有差别，多数情况下"球型环境贴图"类型是用于室内空间中最为普遍的类型。

应用扩展：VRayHDRI材质（环境）

实际上，VRayHDRI材质还可应用于3ds Max的VRay渲染器环境特效中，其原理与添加在灯光中基本一致。但此种方式可更加凸显模型主体，即使场景中无任何环境背景，通过利用高动态范围贴图进行模拟，便可迅速凸显场景材质与虚拟环境之间的反射关系（如图G-3所示）。

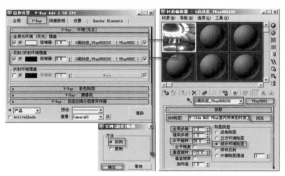

图G-3　VRayHDRI材质应用于VRay渲染器的调整及渲染效果

案例总结及目的：

通过学习巧妙利用VRayHDRI模拟环境反射效果的调整方法，应理解该贴图采用不同添加方式对场景物体的反射原理，从而达到简化场景模型制作的目的。

G

篇后点睛（G）

——高动态范围贴图（VRayHDRI）

材质总结：

众所周知，VRay渲染器较3ds Max普通渲染器而言具有诸多优势，而VRayHDRI材质（高动态范围贴图）可算是其中较为鲜明的代表之一。虚拟环境的处理方法不仅可以提高制图效率，为整体画面的色彩反射处理更是立下了汗马功劳。

材质难点：

将高动态范围贴图用于VR穹顶灯光之中，可以有效地调控光源色彩，此时的灯光已不单纯是简单的颜色，而是如同幻灯机一般，为整体的空间营造出虚拟的环境。因此，即使是同一高动态范围贴图，由于"贴图类型"及"方向定位"的角度不同，也会对场景起到决定性作用。通过"水平旋转"、"垂直旋转"及不同方向的"镜像"设置参数来进一步确定贴图的定位信息，可更为完美地渲染出光线适宜的场景。虽然参数的设置极为简单，但绝佳的渲染效果就取决于这微妙的细节之处。往往所显示的高动态范围贴图预览图像的色彩对比度鲜明的角度，相应所产生的灯光照射效果也会随之更为突变，反之亦然（如图G-5所示）。

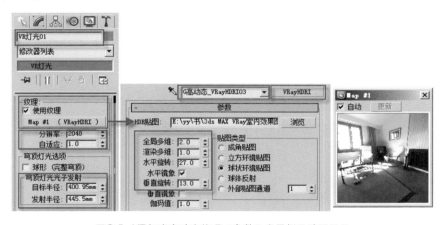

图G-5　VR灯光高动态纹理"参数"卷展栏及贴图显示

核心技巧：

高动态范围贴图不同的显示角度严重地影响整体环境渲染效果，不同色彩的贴图在其中的调控作用则更是举足轻重。选择高动态范围贴图的核心技巧，应结合整体大环境及主要材质所突出表现的色彩需求进行综合考虑，进而为其赋予相应适宜场景的环境贴图。表现夜景效果图，同样也应赋予色调微暗的高动态范围贴图，从而才能凸显出夜景设计中灯箱及灯带的绚丽效果（如图G-6所示）。

图G-6 夜景展位高动态范围贴图渲染效果及相应高动态范围贴图

技术优势：

多数情况下，室内空间效果图都会创建完全密闭的房屋，以辅助渲染器模拟光线跟踪的计算。但对于一些需要特殊设计的场景，如开敞式的展位设计，其外部环境是完全虚拟的，倘若没有高动态范围贴图的辅助，造型设计的材质反射效果便会立即黯然失色，所以为其添加相应的高动态范围贴图便显得尤为重要。多数情况下此类展位设计都会放置于较为复杂的综合性商业室内空间设计中，创建周边的环境模型不仅烦琐，而且更重要的是会对图像渲染增加无谓的计算时间，所以此种模拟环境的设置方法的确算是将VRay渲染软件中反射效应计算发挥到极致的技术优势之一（如图G-7和G-8所示）。

图G-7 开敞式展位设计添加高动态范围贴图渲染效果

图G-8 开敞式展位设计未添加高动态范围贴图渲染效果

　　总之，VRayHDRI材质（高动态范围贴图）可以在VRay渲染器的科学计算辅助下，有效地弥补未完全封闭或周边环境模型欠缺场景中反射渲染空白的缺憾，为场景光环境营造出更为丰富的艺术效果。

J——金属材质

金属材质 ————040-046

使用VRay渲染器表现金属材质实际并不难，其调整的方法不仅简洁，而且渲染速度相比其他渲染器更快，可以说表现金属材质是该渲染器的强大优势之一。所以质感分明的黄金、黄铜、各式不锈钢等材质，在VRay渲染器的科学计算下，便可以轻而易举地将不同质感刻画得入木三分。

序 号	字母编号	知识等级	用 途	常用材质	扩展材质
040	J-L	●	家具及陈设品装饰	亮面不锈钢材质	抛光瓷砖材质
041	J-Y	●	家具及陈设品装饰	哑光不锈钢材质	磨砂玻璃材质
042	J-F	◆	家具及陈设品装饰	发纹拉丝不锈钢材质	哑光仿拉丝不锈钢材质
043	J-S	★	家具及陈设品装饰	生锈旧金属材质	程序拼花石材
044	J-H-J	●	家具及陈设品装饰	黄金材质	丝绸材质
045	J-H-T	●	家具及陈设品装饰	黄铜材质	黄金材质
046	J-J	●	家具及陈设品装饰	镜面材质	茶色镜面材质

040

J-L

● ◆ ★

下载：\源文件\材质\J\040

亮面不锈钢材质

| 材质用途：家具及陈设品装饰 | 扩展材质：抛光瓷砖材质 |

材质参数要点：●反射"高光光泽度" ●反射"光泽度"

材质分析：

不锈钢由于其表面具有良好的耐腐蚀性，所以它能使结构部件永久地保持设计的完整性。根据其表面的反射效果及触感，还可细分为更多的种类。其中，亮面不锈钢则更多地被用于制造一些造型精巧的物体，其表面光亮的反射特性，不仅可以将其外观造型凸显得更加细腻，同时更易拉近物体本身与环境的距离。所以，在制造时还应注意加强周边环境对赋予该材质物体的影响效果（如图J-1所示）。

图J-1 亮面不锈钢材质渲染效果

材质参数设置：

基本参数：设置为VRayMtl材质，并调整相应基本参数（如图J-2所示）。

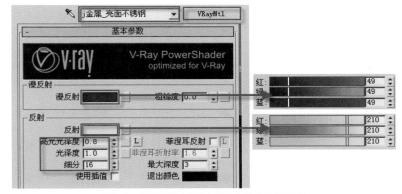

图J-2 亮面不锈钢材质"基本参数"卷展栏

132

※ 小贴士：可视场景具体光照情况，将其高光反射修改为"沃德（Ward）"形式，以增强金属材质的立体效果（如图J-3所示）。

参数解密：

只是通过调整基本参数中的反射参数，便可轻松地模拟亮面不锈钢材质，其"高光光泽度"与"光泽度"都比较高，甚至将"光泽度"设置为"1"，进而才能确保其清晰的反射特效。但倘若在面临场景中环境模型欠缺情况下，可视其效果为该场景添加适度VRayHDRI（高动态范围贴图），以使整体反射层次更加丰富（如图J-4所示）。

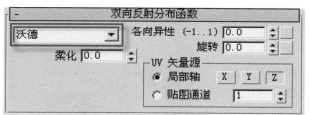

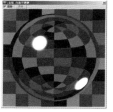

图J-3 "双向反射分布函数"卷展栏　　图J-4 亮面不锈钢材质示例球显示效果

应用扩展：抛光瓷砖材质

事实上，亮面不锈钢材质与抛光瓷砖材质的制作要点较为相似，只不过二者的个体材质属性存在差异。但无论是金属还是陶瓷，以上两种材质均在其自身领域中属于反射特性最强的一种，所以在其"反射"参数调整上都要把握住其细微的变化。比较而言瓷砖材质更加委婉，所以利用衰减变化来增加其反射的内涵，但其表面光亮的特性还是与亮面不锈钢材质基本一致的（如图J-5所示）。

图J-5 抛光瓷砖材质的调整及渲染效果

案例总结及目的：

通过学习亮面不锈钢材质的制作要点，应明确该材质反射参数对其特殊的意义，理解金属材质与相关环境材质的特殊关系，同时加深对高动态贴图的认识。

041

J-Y

哑光不锈钢材质

材质用途：家具及陈设品装饰 | 扩展材质：磨砂玻璃材质

材质参数要点：●反射"光泽度" ●反射"细分"

材质分析：

哑光不锈钢材质无论是从其外观形式，还是制作细节上，所突出的都是"哑光"二字的特性。其表面的凹凸触感与朦胧反射特效，都是该材质所渲染表现的亮点。此特效是在亮面不锈钢材质的基础上，通过对其反射参数进行微调，最终形成细小颗粒质感的模糊反射效果（如图J-6所示）。

图J-6 哑光不锈钢材质渲染效果

材质参数设置：

基本参数：将材质设置为VRayMtl材质，调整相应基本参数（如图J-7所示）。

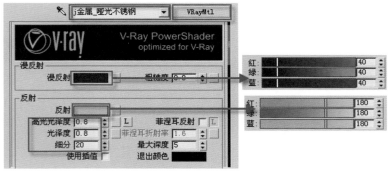

图J-7 哑光不锈钢材质"基本参数"卷展栏

※ 小贴士：在此材质表现对于观察角度较远的物体时，可适当降低其反射"细分"参数，可降低为"8"左右，以弥补由于模糊反射特效而致使渲染计算时间过长的缺憾。

参数解密：

反射"光泽度"是制作反射模糊效果的直接"引线"，一般将此数值设置为"0.8"便可得到较为理想的模糊效果。切忌一味地将其调整过低，致使过度的模糊而影响最终的反射质感，或者根据场景具体光照情况，将其高光反射修改为"沃德（Ward）"形式，以凸显哑光不锈钢材质细腻的模糊反射效果（如图J-8所示）。

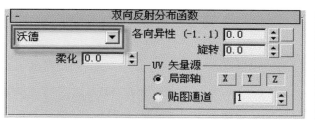

图J-8　哑光不锈钢材质"双向反射分布函数"卷展栏及材质示例球显示效果

应用扩展：磨砂玻璃材质

哑光不锈钢材质与磨砂玻璃材质本质属性虽然各不相同，但是二者的共性是都具有其他材质所无法比拟的细腻磨砂表面。而且调整该效果的秘籍也都是降低"反射度"参数，但所应用的领域各不相同，不锈钢是针对反射区域，而玻璃材质则作用于折射区域（如图J-9所示）。

图J-9　磨砂玻璃材质的调整及渲染效果

案例总结及目的：

学习了哑光不锈钢材质相关的制作技巧后，对金属材质的反射特效应有更为深入的认识，同时还应对不同观察视角的模糊反射效果及时做出理性分析，进而灵活掌握调整此类材质其渲染速度的方法。

发纹拉丝不锈钢材质

| 材质用途：家具及陈设品装饰 | 扩展材质：哑光仿拉丝不锈钢材质 |

材质参数要点：● 相应贴图通道参数及位图
　　　　　　　● 双向反射分布函数

进而灵活掌握调整此类材质其渲染速度的方法。

材质分析：

发纹拉丝不锈钢是对普通不锈钢进行拉丝加工处理，这是当今行业内最流行的一种表面处理技术。因其装饰效果、耐腐性、耐磨性等性能都远远优于普通不锈钢，因此，它已日益成为普通不锈钢的替代品，进入装饰领域中。在制作此材质时，也相应对其"发纹拉丝"的质感要求

图J-10　发纹拉丝不锈钢材质渲染效果

更加严谨，尤其是表面拉丝的各方向比例，切勿过度夸张（如图J-10所示）。

材质参数设置：

基本参数：将材质设置为VRayMtl材质，调整相应的基本参数（如图J-11所示）。

贴图参数：为该材质的"反射"、"反射光泽"及"凹凸"通道添加凹凸贴图，并调整相应通道参数（如图J-12所示）。

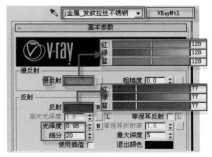

图J-11　"基本参数"卷展栏

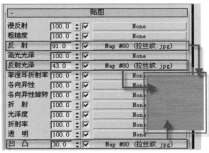

图J-12　"贴图"卷展栏

※ 小贴士：凹凸贴图可根据具体的拉丝形式有所更换，以形成加工工艺更为多样的拉丝效果，如直丝纹、雪纹纹、尼龙纹等。

双向反射分布函数：结合反射形式，调整其高光方向（如图J-13所示）。

参数解密：

为使该材质拉丝效果更为逼真，其中"反射"、"反射光泽"及"凹凸"通道虽添加同样位图，但各通道的控制参数各有差别，尤其"凹凸"通道是直接形成其表面凹凸起伏的"导火索"，同时再配合模型的外观为其添加相应的"UVW贴图"，以形成比例适当的拉丝纹理（如图J-14所示）。

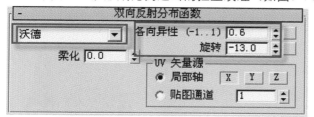

图J-13　"双向反射分布函数"卷展栏

图J-14　示例球显示效果

※ 小贴士：修改反射高光形式及方向，以加强发纹拉丝不锈钢的金属质感。

应用扩展：哑光仿拉丝不锈钢材质

为渲染出发纹拉丝不锈钢材质表面细腻的拉丝纹理反射效果，相应会需要大量的渲染时间，因此，利用纹理贴图的方法更易表现于近景观察的发纹不锈钢，那么相对远景而言应使用"哑光仿拉丝不锈钢"材质虚拟模仿此特效，进而才能科学地驾驭渲染过程（如图J-15所示）。

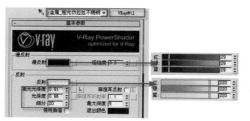

图J-15　哑光仿拉丝不锈钢材质的调整及渲染效果

案例总结及目的：

本例讲解了两种制作发纹拉丝不锈钢材质的方法，通过对两种方法的对比，应从中准确地总结出各自的优势。进而，根据模型的造型结构及不同的观察角度，在确保渲染质量的基础上，精选出能够实现质速兼优的调整方式。

Materiat

043

J-S

● ◆ ★

生锈旧金属材质

材质用途：家具及陈设品装饰 | **扩展材质：程序拼花石材**

材质参数要点： ●混合材质（Blend）
●法线凹凸贴图（Normal Bump）

材质分析：

　　生锈旧金属材质固有属性仍属于金属材质的范畴，但由于其表面存在起伏不平的锈迹，所以会直接影响金属材质的反射特性。而此种饱含岁月、锈迹斑驳的粗糙质感，并非单纯依靠模糊反射及凹凸贴图便可模拟，在此是利用"混合（Blend）"材质，结合其中的遮罩蒙版及形式各异的仿旧金属贴图，进而才能将此旧金属材质所独有的锈斑表现得惟妙惟肖（如图J-16所示）。

图J-16　生锈旧金属材质渲染效果

材质参数设置：

　　混合基本参数：将材质更改为"混合（Blend）"材质，调整其基本参数（如图J-17所示）。

图J-17　生锈旧金属材质"混合基本参数"卷展栏

　　混合材质1：将材质属性更改为VRayMtl材质，并调整该材质的"基本参数"及"贴图"卷展栏相关参数（如图J-18所示）。

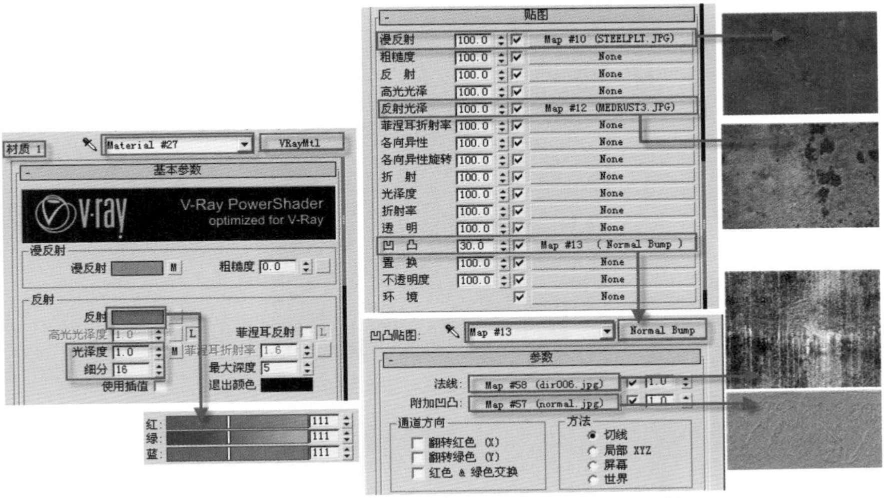

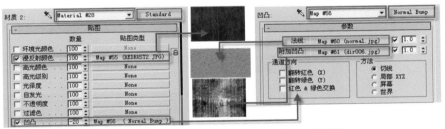

图J-18 混合材质1"基本参数"及"贴图"卷展栏

混合材质2：将材质属性保留为Standard材质，并调整该材质的 "贴图"卷展栏相关参数（如图J-19所示）。

图J-19 混合材质2"基本参数"及"贴图"卷展栏

参数解密：

生锈旧金属材质的制作重点主要集中在，可以将不同旧金属位图互相叠加在"混合（Blend）"材质上，"混合"材质通过遮罩位图将其内在属于两种属性的VRayMtl与Standard子材质巧妙地融合为一体。注意不同贴图的应用通道及贴图类型，即使凹凸贴图也是使用为整体材质带来特殊变化的"法线凹凸（Normal Bump）"贴图，同时也不能忽视各贴图通道的相关设置，尤其凹凸通道的负值对于仿旧金属质感的表现可谓功劳匪浅（如图J-20所示）。

图J-20 生锈旧金属材质示例球显示效果

应用于生锈旧金属材质的"混合（Blend）"材质虽不同于以往常见的"混合（Mix）"贴图，其实际的计算原理基本相同，但其可控制的材质范围更胜于后者，因此它的应用领域也相应更宽，如程序拼花石材材质等，两种反射质感及纹理形式不同的石材在"混合（Blend）"材质的遮罩作用下，变得更具程序性（如图J-21所示）。

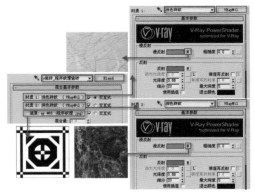

图J-21 程序拼花石材材质的调整及渲染效果

案例总结及目的：

通过本例生锈旧金属材质的学习，使读者深入掌握"混合（Blend）"材质的调整方式，两个子材质在"混合"材质遮罩位图的作用下，将其内在不同通道的仿旧金属位图叠加到极致。继而从中汲取经验，开发"混合"材质更为丰富的叠加效果。

140

044

J-H-J
● ◆ ★

黄金材质

材质用途：家具及陈设品装饰　　扩展材质：丝绸材质

材质参数要点：●漫反射颜色　●反射颜色

材质分析：

　　虽然黄金表面所独有的璀璨色泽之美可与太阳媲美，但是究其根源，它的固有属性还是属于一种很柔软的金属。所以对于此种材质的塑造，仍要谨守金属材质制作的相关原则。结合一定光效的影响，可利用其剔透的反射特性，将其表面艳丽的金黄色彩与环境之间的内在魅力更加充分地展现出来（如图J-22所示）。

图J-22　黄金材质渲染效果

材质参数设置：

　　基本参数：将材质属性更换为VRayMtl材质，调整相关基本参数（如图J-23所示）。

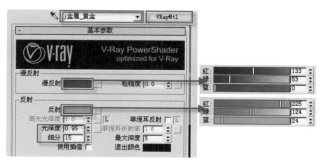

图J-23　黄金材质"基本参数"卷展栏

※ 小贴士：结合不同的观察角度，对其"光泽度"及"高光光泽度"的细节参数可进行微调，但不要过低以确保材质表面光滑的反射效果。

　　双向反射分布函数：结合反射形式，调整高光方向（如图J-24所示）。

141

参数解密：

　　黄金表面鲜艳的金黄色彩是材质表现的主要特征，所以为凸显其璀璨的反射特效，便选用了淡棕色与橘黄色作为"漫反射"与"反射"区域的基本色。同时将其"光泽度"参数设置为"0.95"，便可轻松地模拟出略带模糊的金黄色反射特效（如图J-25所示）。

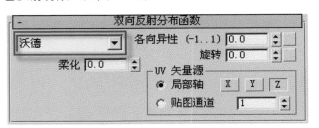
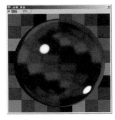

图J-24　黄金材质"双向反射分布函数"卷展栏　　　　图J-25　黄金材质示例球显示效果

应用扩展：丝绸材质

　　实际上，凸显黄金材质的表面鲜艳色泽的"漫反射"与"反射"色彩设置原理，也是渲染色彩光亮丝绸材质的基础，二者都是在基本属性区域利用鲜艳的色彩，进而塑造出材质特有的反射颜色。但是，丝绸材质无论是内在纹理还是渐变反射上都更为深化（如图J-26所示）。

图J-26　丝绸材质的调整及渲染效果

案例总结及目的：

　　通过学习黄金材质的制作方法，应对金属材质的反射特性有更新的认识，在了解其参数设置的基础上，应更重视"漫反射"与"反射"区域的色彩设置，以从中总结出更多近似于有色金属的制作技巧。

黄铜材质

045

J-H-T

● ◆ ★

材质用途：家具及陈设品装饰 | 扩展材质：黄金材质

材质参数要点：●漫反射颜色 ●反射颜色
●双向反射分布函数

材质分析：

　　黄铜是由铜和锌组成的合金，由于其具有较强的
耐磨性、耐腐性及可塑性，常被用于制造耐压设备等。
其表面呈棕黄色，与黄金材质一样同属于有色金属一
类。但由于其表面凹凸起伏的颗粒质感与自身的色彩特
性，所以整体的反射效果较为朦胧。这也正是模拟此材
质所需重点把握的要点（如图J-27所示）。

图J-27　黄铜材质渲染效果

材质参数设置：

　　基本参数：将材质属性更换为VRayMtl材质，调整相关基本参数（如
图J-28所示）。

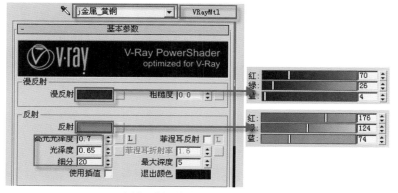

图J-28　黄铜材质"基本参数"卷展栏

　　双向反射分布函数：结合反射形式，调整其高光方向（如图J-29所示）。

　　在设置黄铜材质基本放射参数及颜色的基础上，将双向反射分布函数的反射形式更改为"沃德"形式，可增进黄铜材质反射高光对比度，并更改"各向异性"为"0.5"，从而在高光外形上进一步拉近与真实黄铜材质的距离（如图J-30所示）。

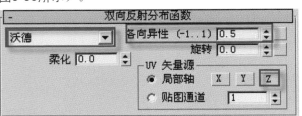

图J-29　黄铜材质"双向反射分布函数"卷展栏　　　图J-30　黄铜材质示例球显示效果

应用扩展：黄金材质

　　前面（044）已经介绍了黄金材质，这里只讲一下二者如何实现微调转换。黄铜材质与黄金材质的制作步骤极为相近，可以说前者是后者的深化，无论在色彩控制上还是反射清晰度上都更加委婉。它们各自的细节参数都可根据实际场景中环境及灯光的具体变化进行微调（如图J-31所示）。

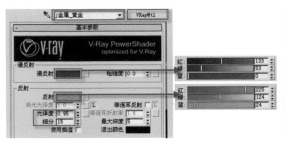

图J-31　黄金材质的调整及渲染效果

案例总结及目的：

　　制作方法而言，黄铜材质是黄金材质的深化，除了要注重"漫反射"与"反射"区域的色彩设置以外，反射高光形状范围与反射质感同样重要，在塑造过程中缺一不可。所以通过学习制作，进而积累调整材质双向反射分布函数的经验，以最终结合不同光照的场景领悟金属材质的制作真谛。

Materiat

046

J-J

● ◆ ★

下载：\源文件\材质\J\046

镜面材质

材质用途：家具及陈设品装饰	扩展材质：茶色镜面材质

材质参数要点：●反射"高光光泽度"　●反射"光泽度"

材质分析：

　　镜子据其内在属性而言，属于具有规则反射性能的表面抛光金属器件和镀金属反射膜的玻璃或金属制品。在人们的日常工作和生活中随处可见，不仅常被人们用于整理仪容。而且根据反射原理，安置在较小的环境中还可起到扩充视觉效果的作用。由于镜面材质具有表面光滑的特质，造就了其强烈的反射光线能力。因此，在刻画此种材质时，其超乎寻常的反射效应，是制作过程中始终不可忽视的重点（如图J-32所示）。

图J-32　镜面材质渲染效果

材质参数设置：

　　基本参数：将材质属性更换为VRayMtl材质，调整相关基本参数（如图J-33所示）。

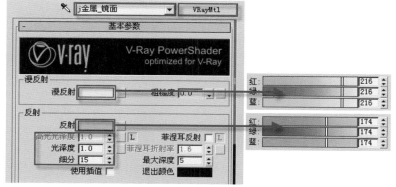

图J-33　镜面材质"基本参数"卷展栏

A
B
C
D
G
J
K
L
M
P
R
S
T
Y
Z

145

参数解密:

　　镜面材质其表面光滑与超强的反射特征,仅依靠调整
该材质基本参数的反射基本色及光泽度便可完成。而且由
于反射"光泽度"设置极高,同时再借助于擅长渲染反射
质感的VRay渲染器,所以整体的渲染速度也相应较快。此
外,还需注意要将"高光光泽度"参数关闭,以避免由于
光线照射而出现过亮的反射光斑(如图J-34所示)。

图J-34　镜面材质示例
球显示效果

应用扩展:茶色镜面材质

　　在现实生活中,除普通镜面以外还有许多有色镜面,实际上它们的制作方
法基本类同,只是其表面的反射色彩设置需要根据具体情况稍加更改。具有丰
富色彩的镜面材质,通过反射特效渲染,顿时会使整体画面焕然一新(如
图J-35所示)。

图J-35　茶色镜面材质的调整及渲染效果

案例总结及目的:

　　通过学习镜面材质的制作方法,进一步拓展了金属材质反射特性的应用领
域,从理性上理解反射"光泽度"与"高光光泽度"对模型物体的重要作用,
继而真正把握模型高光与光线之间的内在联系。

J

篇后点睛（J）

——金属材质

材质总结：

使用VRay渲染器所表现的金属材质不仅质感逼真，而且渲染速度也极快，可以说金属材质的表现是该渲染器区别于其他渲染软件的突出优势之一。无论是室内场景中常见的各种不锈钢材质，还是表面斑驳的其他有色金属材质，其主要编辑要点都是集中在对该物体与整体大环境中的反射参数设置环节上。可见，外部环境对于拥有强大反射魅力的金属材质而言，其作用是不可估量的，再配合上协调的灯光，进而勾勒出形式各异的金属材质（如图J-36所示）。

图J-36　金属材质渲染效果

材质难点：

结合3D混合材质的计算原理，可以有效地将两种金属材质进行结合，进而丰富金属光照层次关系，所以此种金属材质其整体的编辑方法也相对有一定的难度。例如：生锈旧金属材质（如图J-37所示）、斑驳铜色金属材质（如图J-38所示）都是巧用此种设置技巧的杰作。

图J-37　生锈旧金属材质渲染效果

图J-38　斑驳铜色金属材质渲染效果

各类生锈旧金属材质基本类同，表面的材质细节变化主要取决于色彩丰富的贴图。此处的旧金属材质与基本案例中所涉及的同名材质设置方法几乎完全一样，但由于细节贴图差异，在不同的环境灯光照射下，金属锈斑质感更为凸显。相比较而言，同样使用此种材质设置方法的斑驳铜色金属材质，其编辑步骤则更为简单，将旧铜色与旧银色两种极为简单的金属材质利用细胞贴图作为遮罩通道，即可形成两色兼顾的混合金属材质（如图J-39和图J-40所示）。

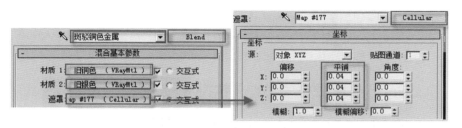

图J-39　斑驳铜色金属材质"混合"参数卷展栏

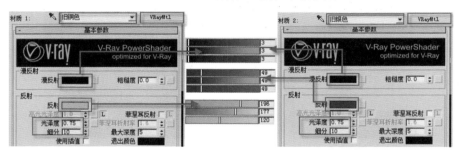

图J-40　旧铜色与旧银色材质"基本参数"卷展栏

核心技巧：

各种金属材质的编辑基本上都是周旋于材质的"基本参数"卷展栏中"反射参数"设置技巧上，即使是数值的微调也会直接影响材质的最终渲染效果。如：银灰色防火板看似不属于金属材质，实际上此种材质是金属材质的延展，同样是应用"反射参数"这一核心技巧塑造其表面的细微光影变化（如图J-41所示）。另外，紫金材质也类似于黄铜材质的编辑方式，只是反射色彩及反射光泽度略有不同，但最终的渲染效果却是各具千秋（如图J-42所示）。此外，对于最为常见的亮面不锈钢材质、磨砂不锈钢材质的编辑，其"反射参数"的设置技巧对于整体材质的编辑仍是重中之重。

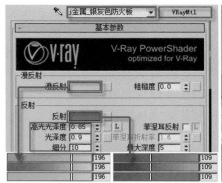

图J-41　银灰色防火板材质"基本参数"卷展栏及渲染效果

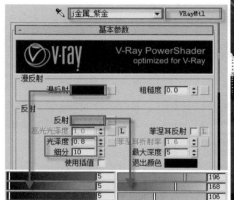

图J-42　紫金材质"基本参数"卷展栏及渲染效果

技术优势：

　　发纹拉丝的不锈钢是在精确反射参数技术基础上，通过"反射"、"反射光泽"及"凹凸"通道中拉丝纹理贴图的进一步叠加，进而形成的立体凹凸发纹变化，此种设置方法在具体案例中已详细讲述，在此不再赘述。要注意的是拉丝细纹的最终显示形式住住被忽视，细纹的比例及方向与模型结构之间存在着极为密切的关系。利用"UVW贴图"修改器这一技术优势，便可以有效地解决模型外观的拉丝纹理问题，继而更为凸显模型细节的结构变化（如图D-43所示）。

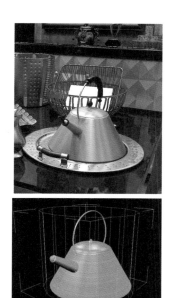

图J-43 拉丝壶模型"UVW贴图"参数卷展栏及显示渲染效果

　　总之，基本上任何金属材质只要认真设置反射细节，在VRay渲染器的科学计算下，其整体的渲染过程便会游刃有余，但也不能忽略其中形式多样的混合材质及贴图的功劳，结合整体环境相互叠加后会更为夺人眼球。

K——卡通材质

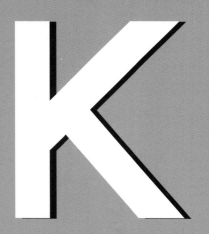

卡通材质 —— 047

目前，利用3ds Max软件制作二维卡通效果主要有两种：一种是3ds Max 软件中所固有的ink'n Paint（3ds Max卡通）材质；另一种是利用VRay Toon（VRay卡通）环境设置为模型添加二维卡通的效果。

两种方法都可以将场景中的模型通过简单的设置，便可在其外轮廓处添加徒手勾画的线形，进而实现卡通化的二维效果。但"VRay卡通"环境设置，所能制作出的效果更为丰富，它不仅可以满足材质普通颜色或简易贴图的展示形式，而且还能够确保材质属性更为丰富的基础，即使是"多维/子对象"材质或是VRay渲染器所独有的"VR毛发"物体都可以将其外观轻松地改变，使其更具卡通魅力。

序　号	字母编号	知识等级	用　途	常用材质	扩展材质
047	K-K	★	陈设品装饰	3ds Max卡通材质	VRay卡通材质

下载：\源文件\材质\K\047

047

K-K

● ◆ ☆

3ds Max卡通材质

材质用途：陈设品装饰	扩展材质：VRay卡通材质

材质参数要点：● ink' n Paint（3ds Max卡通）材质
● VRay Toon（VRay卡通）材质

材质分析：

此处，3ds Max卡通材质指的是ink' n Paint材质，此材质是利用近似于带有边界墨水着色的线条作为轮廓线，同时将三维的立体光影转换为层次分明的二维色阶，配合均匀填色效果，模拟出的一种二维卡通图像。此图像并非使用徒手绘制，但效果却可以假乱真，生动可爱而且显示速度较快，是创建平面与三维场景相融合效果的最佳方式（如图K-1所示）。

图K-1　3ds Max卡通材质渲染效果

材质参数设置：

绘制控制参数：将材质属性更换为ink' n Paint材质，并调整相应参数（如图K-2所示）。

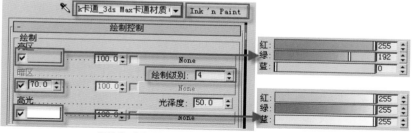

图K-2　3ds Max卡通材质"绘制控制"卷展栏

※ 小贴士：该"绘制控制"卷展栏的"亮区"、"暗区"、"高光"除了可以设置为单色以外，还能根据材质需求设置为图案位图，以增强卡通图像的色彩变化，如本例中的"床单"材质。

墨水控制参数：结合模型外观确定相应的卡通轮廓线颜色，并调整相应尺寸参数（如图K-3所示）。

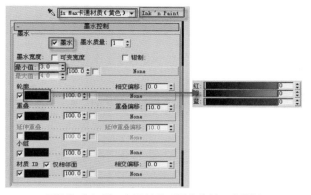

图K-3　3ds Max卡通材质"墨水控制"卷展栏

参数解密：

　　ink'n Paint材质成功渲染的关键主要集中于两个制作环节上，分别是绘制填色与轮廓勾边。除各区域彩色的选择以外，还需注意"绘制级别"选项，它是划分卡通色阶的数量值，数值越小层次相对也越清晰。此外，墨水轮廓的设置宽度要结合渲染尺寸及所赋予该材质的模型内部结构关系综合考虑，在此设置为"3"即可（如图K-4所示）。

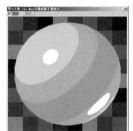

图K-4　示例球显示效果

应用扩展：VRay卡通材质

　　选用VRay渲染器后，表现二维卡通图像效果便在ink'n Paint材质基础上，增加了另一种利用VRay Toon（VRay卡通）添加于"环境和效果（Environment and Effects）"对话框的"大气（Atmosphere）"中的环境设置渲染方式。此方法实际上并不是一种材质调整的方法，它是以环境效果的方式添加给场景中需要添加卡通效果的对象，所以此种方法对材质属性的调整更为宽松，如下图中便是对赋予了"多维/子对象"材质的可编辑多边形物体进行整体结构化的卡通渲染效果（如图K-5所示）。

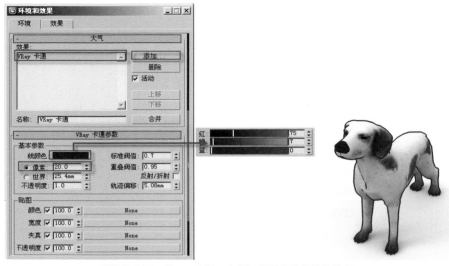

图K-5　VRay Toon（VRay卡通）调整参数及渲染效果

※ 小贴士：轮廓线的颜色同样可以随意设置，而且其显示的粗细尺度也可根据渲染图像的像素比例或实际尺寸进行设置，在此根据最后图像尺寸，设置为20较为适宜。同时所有的贴图通道也可添加贴图形式，甚至还可根据需求，通过最后的"包括/排除对象"选项组对场景中的部分模型进行设置，使其脱离卡通渲染状态（如图K-6所示）。

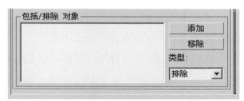

图K-6　VRay Toon（VRay卡通）"包括/排除对象"选项组

案例总结及目的：

　　通过学习ink' n Paint（3ds Max卡通）与VRay Toon（VRay卡通）两种表现二维卡通效果的方法，应从整体上对3ds Max软件渲染卡通图像的制作有初步的了解。同时，熟识卡通材质的线形轮廓边、色阶鲜明的漫画特征，从中总结两种绘制方法各自的优势，结合实际场景氛围需求，从而能够科学地选择出更为适宜的方式。

K

篇后点睛（K）

——卡通材质

材质总结：

"ink'n Paint"（3ds Max
卡通）材质与"VRay Toon"
（VRay卡通）材质虽然都为卡
通材质特效，渲染效果也基本相
同，但是二者最本质的区别在于
它们是所属于两种不同渲染器之
下的材质管理系统。其中，仅从
名称便可获知，"ink'n Paint"

图K-7 "VRay Toon"（VRay卡通）材质渲染效果

（3ds Max卡通）材质是3ds Max
软件中所固有的基础材质，而"VRay Toon"（VRay卡通）材质便要仰仗于
VRay渲染插件才能将其卡通特效呈现。且不说"VRay Toon"特效绝不可能在
3ds Max软件默认扫描线渲染器中应用，即使是"ink'n Paint"材质，当VRay
渲染器在调整不完备的情况下，其渲染效果也会比原来逊色许多，这也正是学
习以上这两种卡通材质首要明确的知识要点（如图K-7所示）。

材质难点：

利用"ink'n Paint"材质所塑造的卡通材质，主要依靠"绘制控制"卷展览中
"绘制级别"选项来控制模型二维矢量层次感。多数情况下，卡通色阶的数量要
结合模型内部结构及灯光亮度关系综合考虑。此处的"卡通玩具"模型其面部结
构凹凸立体变化明显，所以只需将此黄色的卡通材质的"绘制级别"参数设置为
"4"即可，同时暗区色彩或参数要结合整体需求综合处理（如图K-8所示）。

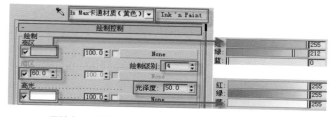

图K-8 "卡通玩具"模型材质"绘制控制"卷展栏

此外，单色的材质更易表达多变的光阴变化，即使不够突出也可通过降低
"暗区"参数或调整颜色以加强模型表面光阴的对比度，而且暗区中多姿多彩
的变化会使整体图面更加光彩夺目。本例中"卡通水桶"模型的材质色阶便是
极为有利的证明，只是降低暗区参数的数值只能单色加强阴影对比度色彩，而
将其转换为暗紫色则会呈现出另一番景象（如图K-9所示）。

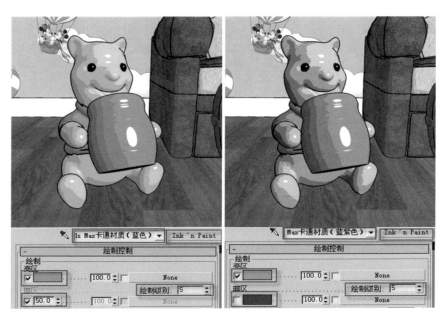

图K-9 "卡通水桶"模型"绘制控制"卷展栏及渲染效果

实际上，单色材质的卡通效果并不是最难以控制的环节，为其添加适当的贴图纹理可以更为多变地丰富图面效果。卡通材质不仅可以添加简单的位图贴图，其中多种程序贴图通过参数调节也可以巧妙地制作出意想不到的效果。例如本例便是使用"噪波"程序贴图模拟素描炭画的杰作（如图K-10所示）。方法是：结合模型尺寸增加平铺数值，同时改变噪波角度，以模拟炭画笔触线条（如图K-11所示）。

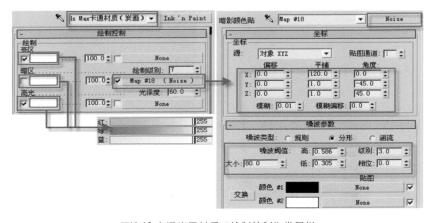

图K-10 卡通炭画材质"绘制控制"卷展栏

图K-11 卡通炭画材质渲染效果

核心技巧：

实际上，无论是"ink'n Paint"（3ds Max卡通）材质还是"VRay Toon"（VRay卡通）材质，其核心技巧都是其轮廓线条的设置。它们二者都是通过追求线型描边效果以创建漫画风格的图像，同时墨水线条的色彩及尺寸可以随意调整。就线条而言，"ink'n Paint"材质的表现形式更为丰富，通常在渲染速度允许的条件下，"墨水质量"都会尽可能地增加，如本例中红色卡通材质便是将墨水质量定义为3（如图K-12所示）。同时，"墨水宽度"也可利用"可变宽度"加以区分，区别对待"最小值"与"最大值"是直接有效控制线条距离感的有效方法。此外，不同色彩应区别对待，筛选出部分区域的线条可以使模型表面的线条组织更为有序。

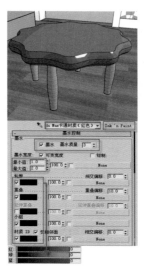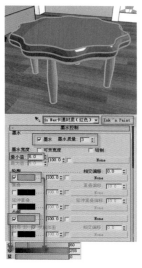

图K-12 红色3ds Max卡通材质"墨水控制"卷展栏及对比渲染效果

"VRay Toon"（VRay卡通）算是卡通特效技术优势的集中代表，它可以在表现卡通特效的同时保留材质的逼真质感，但是此种技术的优势不只局限于此，更重要的是其卡通轮廓线条所涉及的领域甚至可以蔓延至模型投影反射边缘处（如图K-13所示）。

图K-13 "VRay Toon"（VRay卡通）渲染效果

其中，可以选择"像素"或"世界"选项调整线条宽度，色彩也可随意调整，并配合"不透明度"增加其多样化（如图K-14所示）。同时，"标准阀值"与"重叠阀值"可适度加大以尽可能地精细表现轮廓线条。另外，勾选"反射/折射"选项，错落有致的轮廓线条便立即会如影随形般呈现在反射质感极强的地板之上。

总之，无论是"ink'n Paint"（3ds Max卡通）还是"VRay Toon"（VRay卡通），任何一种制作方法都可以令图面中任意物体立即换上极具可爱浪漫特

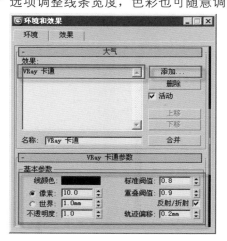

图K-14 "VRay Toon"（VRay卡通）调整参数

效的卡通外衣。表现卡通质感的关键在于光影层次和轮廓边缘线的对接，两种绘制方法各有其优势，使用时应结合场景需求，择优处理。

L——蜡烛材质

L

蜡烛材质 ——— 048-050

　　虽然在现如今的工作生活之中，电灯已将蜡烛的照明功能完全取代，但在室内设计时，可以通过烛火光照而营造出诗意浪漫的艺术氛围，所以掌握蜡烛材质的制作方法还是很有必要的。

　　目前在装饰品市场上琳琅满目的工艺蜡烛，早已从日用照明蜡烛的行列中日渐独立出来，无论就其外观造型，还是图案颜色而言，都是融新颖性、装饰性、观赏性、功能性于一体的艺术品。

　　小小的蜡烛貌不惊人，实际上究其制作分类及方法却并不简单。其外观不仅是指蜡烛其自身，还包括火焰，二者都可结合"渐变坡度（Gradient Ramp）"程序贴图进行模拟。但除此以外，VRayMtl材质的3S（Sub—Surface Scattering）（次表面散射）效果，同样也能够将蜡烛表面半透明的材质质感模拟得惟妙惟肖。

序　号	字母编号	知识等级	用　途	常用材质	扩展材质
048	L-P	◆	陈设品装饰	普通蜡烛材质	蜡烛火焰材质
049	L-T	◆	陈设品装饰	图案蜡烛材质	VRay红烛材质
050	L-L	★	陈设品装饰	蜡烛火焰材质	磨砂内嵌图案玻璃材质

048

L-P
●◆★

下载：\源文件\材质\L\048

普通蜡烛材质

| 材质用途：陈设品装饰 | 扩展材质：蜡烛火焰材质 |

材质参数要点： ●渐变坡度（Gradient Ramp） ●烟雾贴图 ●噪波贴图

材质分析：

在日常生活中最为普通的蜡烛，就是白蜡。其表面虽为通体的白色，但在周围光效的作用下，其自身会出现由上至下缓和的色变，以凸显其内在的通透质感。在此便使用3ds Max标准材质制作蜡烛，不仅可以模拟出蜡烛半透的渐变光效质感，而且其整体的渲染速度也相对较快，即使在渲染其表面凹凸触感的变化时，也同样可以做到质速兼备（如图L-1所示）。

图L-1　普通蜡烛材质渲染效果

材质参数设置：

自发光参数： 调整Standard材质基本参数，同时在自发光通道下添加衰减通道，并在其下指定"渐变坡度（Gradient Ramp）"程序贴图（如图L-2所示）。

图L-2　普通蜡烛材质"基本参数"卷展栏

※ 小贴士："渐变坡度（Gradient Ramp）"是与"渐变"贴图相似的2D 贴图，都是通过颜色渐变增添材质变化的贴图形式，但此贴图可以添加更多的色彩，以模拟蜡烛照射后的渐变效果。

凹凸参数：为凹凸通道添加"烟雾"与"噪波"程序贴图，并调整相关参数（如图L-3所示）。

※ 小贴士：无论"烟雾"还是"噪波"贴图的大小设置都要与实体模型的比例对应，才能制作出合理的尺度凹凸颗粒。

参数解密：

　　通过"渐变坡度"程序贴图模拟普通蜡烛材质的渐变透光效果，一定不能忽视其自上而下的渐变方向，所以在此将其坐标的W数值设为"90"。同时，在模拟蜡烛表面的凹凸颗粒时一方面要比例合适，另一方面还要注意其凸起形式，所以此处的凹凸通道值为负值（如图L-4所示）。

图L-3　普通蜡烛材质"贴图"卷展栏　　　　图L-4　普通蜡烛材质示例球显示效果

应用扩展：蜡烛火焰材质

　　运用"渐变坡度"程序贴图模拟半透明质感的材质可以算是该贴图的优势之一，所以在此基础上将其继续深化，通过多种色彩的叠加还可模拟蜡烛的火焰等（如图L-5所示）。

图L-5　蜡烛火焰材质的调整及渲染效果

案例总结及目的：

　　通过学习普通蜡烛材质的制作要点，从中了解"渐变坡度"贴图的制作技巧，熟识类似"蜡烛"的半透明质感材质的制作原理，同时由浅至深逐步理解实体场景灯光对体现材质自身魅力的重要性。

Materiat

049

L-T
● ◆ ★

图案蜡烛材质

| 材质用途：陈设品装饰 | 扩展材质：VRay红烛材质 |

材质参数要点： ●"半透明"选项组 ●烟雾颜色
●相应通道参数及贴图

材质分析：

使用3ds Max标准材质制作普通的单色蜡烛不仅效果佳，而且速度较快，但如果继续使用此方法制作具有图案的香薰蜡烛，便会让制作过程陷入僵局，那么VRayMtl材质中的3S（Sub-Surface Scattering）（次表面散射）效果，便是解决该问题很好的"法宝"。此种材质正好可以满足模拟不完全透明材质内部光影变化的要求，以渲染出质感逼真的图案香薰蜡烛（如图L-6所示）。

图L-6 图案蜡烛材质渲染效果

材质参数设置：

基本参数：将材质设置为VRayMtl，调整相应基本参数（如图L-7所示）。

贴图参数：为该材质的相应贴图通道添加位图，并调整相应通道参数（如图L-8所示）。

参数解密：

表现蜡烛材质透过光照其内部的散射效果是逼真模拟的关键，其中基本参数的"半透明"选项组对于整体制作至关重要。结合"硬（帽）类型"设置该物体透明层的"厚度（Thickness）"，在此设置为"30"；同时适度加大"灯光倍增器（Light multiplier）"的参数，在此设置为"12"；此外将"前/后区系数（Fwd/bck coeff）"设置为"0.5"，则表

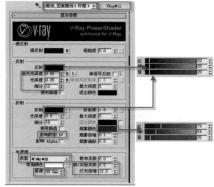

图L-7 图案蜡烛材质"基本参数"卷展栏

示向前和向后传播的散射光线的数量相同，从而才能进一步强调其表面较为光亮的视觉效果，但同样也要注意各贴图通道的贴图形式及参数（如图L-9所示）。

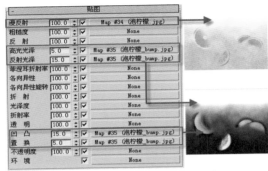

图L-8　图案蜡烛材质"贴图"卷展栏　　　　图L-9　图案蜡烛材质示例球显示效果

应用扩展：VRay红烛材质

既然可以使用VRayMtl材质中的3S（次表面散射）效果模拟图案蜡烛，那么制作简单的彩色蜡烛当然也不在话下。其外观或颜色等都是些外在差异，其内在制作原理实际上都是大同小异的（如图L-10所示）。

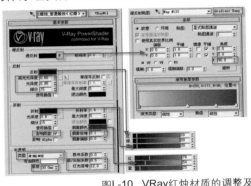

图L-10　VRay红烛材质的调整及渲染效果

案例总结及目的：

通过学习图案蜡烛的制作方法，使读者对VRayMtl材质的3S效果有了初步的认识，理解利用光线在物体内部的色散而呈现的半透明效果原理，进而为制作类似半透明材质拓展思路。

下载：\源文件\材质\L\050

050

L-L

● ◆ ★

蜡烛火焰材质

| 材质用途：陈设品装饰 | 扩展材质：磨砂内嵌图案玻璃材质 |

材质参数要点： ●混合材质 ●渐变坡度贴图

材质分析：

为了使蜡烛模型整体表达更为完整，还应为其添加上火焰。其火焰分为外焰、内焰和焰心三部分。外焰温度最高，焰心温度最低。所以通过仔细观察其内部结构，便可分析出火焰整体外观的丰富色彩变化。也正是其多变的色彩变化，铸就了其必将使用"混合"材质与"渐变坡度"程序贴图多重结合的方式加以模拟，这样才能使其整体效果更为写实（如图L-11所示）。

图L-11　蜡烛火焰材质渲染效果

材质参数设置：

混合参数：将材质设置为"混合"材质，调整其下子材质相关参数（如图L-12所示）。

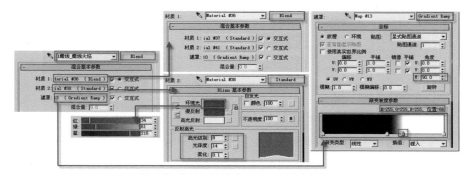

图L-12　蜡烛火焰材质"混合"材质卷展栏

※ **小贴士**：该"混合"材质的"遮罩"子材质，所使用的为"渐变坡度"程序贴图，注意渐变的坡度形式，W设置为"90"。

"混合"材质子材质1参数：此子材质属性仍为"混合"材质，分别调整相应通道参数（如图L-13所示）。

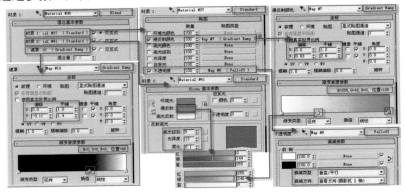

图L-13　蜡烛火焰"混合"材质子材质1卷展栏

※ 小贴士：反复叠加"混合"材质，其目的是使火焰的渐变颜色在保持柔缓的同时，尽量能够达到更为丰富的目的。

参数解密：

在调整该材质的过程中，看似由于反复添加"混合"材质而致使整体材质层次较为混乱，实际上内在的逻辑关系却十分清晰。主要应把握好各"混合"材质与"渐变坡度"程序贴图之间的结合关键点，也就是渐变坡度相关参数的设置，不仅颜色要对应，同时还应注意其渐变方向（如图L-14所示）。

图L-14　蜡烛火焰材质示例球显示效果

应用扩展：磨砂内嵌图案玻璃材质

对于此类需要多种色彩组合而成的材质来讲，使用"混合（Blend）"程序材质，通过其内部的"遮罩"设置，不仅可以满足丰富色彩变化的要求，而且即使是不同的材质属性也同样可以轻松驾驭。这一点也是在本质上区别于

"混合（Mix）"贴图的实质技巧。因此，类似于此材质的许多材质都是使用该制作原理进行模拟的，如双色镶银布料、内嵌图案玻璃材质以及生锈旧金属材质等（如图L-15所示）。

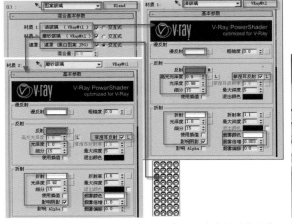

图L-15　内嵌图案玻璃材质的调整及渲染效果

案例总结及目的：

本例通过制作蜡烛火焰材质，使读者进一步加深对"渐变坡度"贴图的理解，同时在反复应用"混合（Blend）"程序材质的过程中，切实寻找其与"混合（Mix）"贴图的应用差距，以达到真正理解应用多彩色混合制作不同属性材质的目的。

L

篇后点睛（L）

——蜡烛材质

下载：\源文件\L\篇后点睛（L）——蜡烛材质

现如今，蜡烛早已摆脱其最原始的使用功能，而成为室内陈设装饰品。所以，其外观也随之更加琳琅满目，如：白蜡、彩蜡、图案蜡烛等。制作蜡烛的材质可采用3ds Max的"Standard"材质或VRay的"VRayMtl"材质，其中无论采用何种方法，表现蜡烛通体半透的质感都是材质渲染的核心（如图L-16所示）。

图L-16　蜡烛材质渲染效果

实际上，半透质感不仅体现在蜡烛表面材质上，其中的火焰材质更具说服力。白蜡或彩蜡材质和火焰材质都是巧妙运用"渐变坡度"（Gradient Ramp）程序贴图，来模拟烛光及蜡烛照射后的渐变效果（如图L-17和L-18所示）。其中，"渐变坡度参数"的渐变色彩设置是柔和色彩的关键，更是真实表达材质质感的难点（如图L-19所示）。

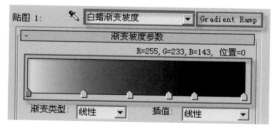

图L-17　白蜡材质"渐变坡度"卷展栏

图L-18　火焰材质"渐变坡度"卷展栏

图L-19　白蜡及火焰材质渲染效果

核心技巧：

　　所谓的彩蜡材质实际上与红烛材质制作方法基本类似，只不过将"渐变坡度"的色彩更为夸张地表现，在添加折射的同时，适当给予反射及半透明处理，以逼真地模拟蜡烛材质的半透明质地。表达半透明质地是表现蜡烛材质的核心，其中"渐变坡度"的颜色在此便是体现核心技巧的关键，色彩可以随意处置，但是一定要与折射参数中"烟雾颜色"及"烟雾倍增"参数结合在一起综合考虑（如图L-20所示）。

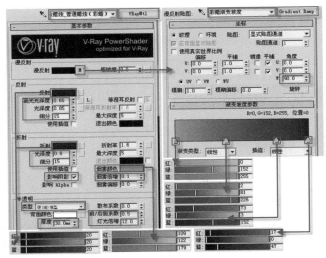

图L-20　彩蜡材质"基本参数"卷展栏

　　同时，为追求更为真实的触感，在凹凸通道中巧用烟雾颗粒模拟立体起伏的变化，色彩缤纷的彩蜡模型随即呈现于场景之中（如图L-21所示）。

图L-21 彩蜡材质"贴图"卷展栏及渲染效果

技术优势:

在彩蜡材质的制作基础上,继续添加"漫反射"位图贴图及黑白相间的"凹凸"、"置换"贴图,将制作蜡烛材质的技术优势进一步突显,同时添加相应的"UVWmap"贴图坐标,继而具有细微凹凸立体质感的图案蜡烛材质便会相应产生(如图L-22所示)。由于此种材质受到漫反射贴图的限制,没有"渐变坡度"加以调控,所以突显蜡烛半透明质感的重任便只能落在VRayMtl材质的"半透明"选项上。结合"硬(帽)类型"设置该物体透明层的"厚度"等参数,从而形成表面较为光亮的图案蜡烛视觉效果(如图L-23所示)。

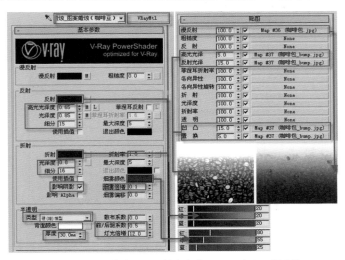

图L-22 图案蜡烛材质"基本参数"及"贴图"卷展栏

174

因此，蜡烛材质制作细节看似较为烦琐，实际上其中的基本规律很容易掌握。结合最终效果从中找出半透明质感的制作精髓。深入理解VRayMtl材质的"半透明"参数及"渐变坡度"（Gradient Ramp）程序贴图，两者无论对于蜡烛还是烛光材质而言，都是成就逼真效果的"撒手锏"。

图L-23　图案蜡烛材质渲染效果

M——木料材质

木料材质 ————051-053

　　自古以来，木料就是一种主要的建筑材料，在古建筑中木材被广泛应用于室内外建筑结构中。即使在现代土木建筑中，木材在其中仍充当着重要的角色，尤其对于室内家具及后期添加的内部装饰结构而言，更是如此。

　　专用于建筑装饰的木材，其表面质地坚硬、纹理色泽美观，所以在制作此类材质时，这些都是需要反复强调的模拟要点。虽然不同的木材结合其表面纹理及质地密度的差别可运用于不同的装饰领域，如制作装饰面板表层、实木家具或木地板等，但从其外观质感观察角度来讲，可将其大体分为高光与哑光两种。在不同光影反射变化的作用下，使用各具特色的木纹纹理位图，结合具体情况将其应用于体现不同质感的贴图通道中，随即风格迥异的木纹质感便会逐一地展现出来。

序　号	字母编号	知识等级	用　途	常用材质	扩展材质
051	M-G	●	家具装饰	高光漆木纹材质	烤漆材质
052	M-Y	●	家具装饰	哑光漆木纹材质	冰裂纹玻璃材质
053	M-M	●	地面装饰	木地板材质	平铺木地板

051

M-G

高光漆木纹材质

材质用途：家具装饰 | **扩展材质：烤漆材质**

材质参数要点： ● "衰减"贴图 ● 反射参数

材质分析：

高光漆木纹材质，即在天然木纹的表层通过涂刷亮光油漆后而得的木料材质。其漆面光滑如镜，反射效果极高，多数华丽脱俗的古典家具常应用此种材质来凸显其内在的高雅气质。制作此材质时，要结合木纹贴图自身颜色，对其反射参数进行区别处理。往往深颜色的木纹贴图（如紫檀、黑胡桃等）其反射参数只需微调，便可清晰地反射出场景周围的一切景象（如图M-1所示）。

图M-1 高光漆木纹材质渲染效果

材质参数设置：

基本参数： 将材质设置为**VRayMtl**材质，调整相应基本参数（如图M-2所示）。

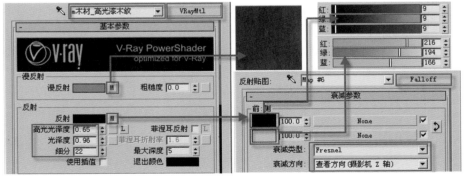

图M-2 高光漆木纹材质"基本参数"卷展栏

※ 小贴士：对于表面触感极为光滑的高光漆木纹材质而言，无须对其添加表面凹凸处理，所以只针对其"漫反射"与"反射"通道进行调整即可。

参数解密：

　　尤其对于深色的檀木材质而言，倘若过度强调其表面光亮的反射效果，极易使其失去天然木色的魅力，所以可在反射通道中使用"衰减"贴图来适度增进反射变化，通过渐变的反射效果并结合一定控制的"高光光泽度"及"光泽度"参数，逼真反射的高光漆木纹材质便会应运而生（如图M-3所示）。

图M-3　亮光漆木纹材质示例球显示效果

应用扩展：烤漆材质

　　实际上，调整漆面材质的调整方法是极为相似的，如乳胶漆、油漆，即使是烤漆，也主要是突出不同表面反射的变化细节，只是个别基本参数的差异会造成截然不同的视觉效果，但无论怎样变化都始终脱离不了追求反射的特殊效果（如图M-4所示）。

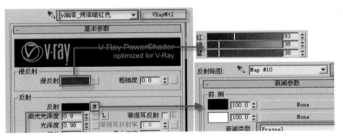 

图M-4　烤漆材质的调整及渲染效果

案例总结及目的：

　　通过学习高光漆木纹材质的制作方法，从而增进了对材质反射的进一步了解，结合微调"高光光泽度"及"光泽度"细节参数，进而实现模拟更多反射变化材质的目的。

Material

052

M-Y

● ◆ ★

哑光漆木纹材质

材质用途：家具装饰	扩展材质：冰裂纹玻璃材质

材质参数要点： ●贴图通道及相关位图
●双向反射分布函数

材质分析：

哑光漆木纹材质虽然也属于较为常见的木料材质，但无论就其表面视觉效果，还是具体的制作方法而言，都相对亮光漆木纹材质稍微复杂些。究其根源，是由该材质表面凹凸不平的肌理木纹所导致的。可见，制作该材质要在确保一定反射强度的基础上，重点观察材质表面凹凸设置的细节变化（如图M-5所示）。

图M-5 哑光漆木纹材质渲染效果

材质参数设置：

基本参数： 将材质设置为VRayMtl材质，调整相应基本参数（如图M-6所示）。

贴图参数： 为该材质的相应贴图通道添加位图，并调整通道参数（如图M-7所示）。

图M-6 "基本参数"卷展栏

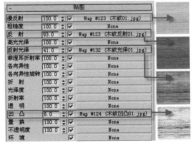

图M-7 "贴图"卷展栏

双向反射分布函数： 更改其反射高光形式，设置为"沃德（Ward）"（如图M-8所示）。

参数解密：

哑光漆木纹材质的微弱反射效果并不是单纯降低"高光光泽度"及"光泽度"便可制作而成的。它是通过在不同贴图通道中使用近似明度的木纹纹理位图作为贴图"滤镜"，同时结合适度的通道参数，进而才能渲染出其表面略带粗糙质感的光影反射变化（如图M-9所示）。

图M-8　"双向反射分布函数"卷展栏　　　　图M-9　示例球显示效果

应用扩展：冰裂纹玻璃材质

哑光漆木纹材质使用不同贴图通道及相关贴图所模拟的反射特效看似复杂，实际上它却有据可依，所涉及的通道无非都是与该材质反射及凹凸质感直接关联的。那么同样应用此原理，将"凹凸"通道更改为"折射"与"不透明度"通道，随即便会形成冰裂纹玻璃材质的制作模式（如图M-10所示）。

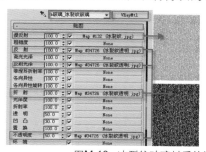

图M-10　冰裂纹玻璃材质的调整及渲染效果

案例总结及目的：

学习哑光漆木纹材质的制作方法后，应对材质的不同通道及相应贴图之间的内在联系更为透彻地理解，同时可以举一反三将此原理应用于更多具有多变反射或折射特性的材质上，以实现规整材质细节变化的目的。

Materiat

053

M-M

● ◆ ★

木地板材质

材质用途：地面装饰 | **扩展材质：平铺木地板**

材质参数要点： ●凹凸通道及位图 ●平铺贴图

材质分析：

近年来，木地板以其返璞归真、自然优美的木纹肌理日渐受到人们的喜爱。所以针对此材质的制作，体现其内在的木纹质感对于整体材质的模拟极为重要。实际上，木地板材质也同样属于木料材质的一个分支，它既具有木料材质的纹理及反射特性，同时又不乏个体的木缝凹陷变化。因此，制作木地板材质要根据已有的具体木纹位图而选择相应的制作方法，进

图M-11　位图木地板材质渲染效果

而才能更为科学准确地制作出逼真质感的木地板材质（如图M-11所示）。

材质参数设置：

基本参数： 将材质设置为**VRayMtl**材质，调整相应基本参数（如图M-12所示）。

图M-12　位图木地板"基本参数"卷展栏

贴图参数： 为该材质的相关贴图通道添加位图，并调整通道参数（如图M-13所示）。

参数解密:

　　为使位图木地板材质个体的木缝凹陷变化准确无误,其漫反射通道与凹凸通道的相应贴图要选择对应,两张贴图的图像层次与内陷纹理都要保持统一,同时还要配合适度的反射及贴图坐标,其中任何一个制作环节都不能忽视(如图M-14所示)。

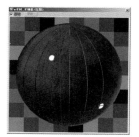

图M-13　位图木地板"贴图"卷展栏　　　　图M-14　位图木地板材质示例球显示效果

应用扩展:平铺木地板材质

　　位图木地板材质必须要建立在木地板漫反射贴图及相应凹凸贴图都十分健全的基础上,但倘若缺少此类贴图也并不是意味着逼真质感的木地板材质模拟将会落空。只要拥有任意一张木纹位图,将其应用于"平铺"程序贴图之中,通过"平铺"预设类型来模拟木地板的内线缝隙,其余基本反射参数仍可继续保留,那么具有自然之美的平铺木地板材质随即便呈现于画面之中(如图M-15所示)。

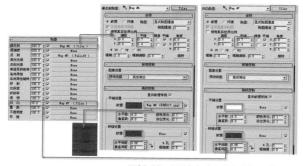

图M-15　平铺木地板材质的调整及渲染效果

案例总结及目的:

　　本例通过学习两种制作木地板材质的方法,使读者对木纹材质的反射特效有了更为深入地理解,应从理性角度明确位图贴图与程序贴图的区别,进而结合实际情况科学地选择出行之有效的制作方法。

M

篇后点睛（M）

——木料材质

下载：\源文件\M\篇后点睛（M）——木料材质

材质总结：

　　在现实生活中，由于木料材质早已普及装饰市场中，所以仅从其表面的视觉效果来讲，其种类便是不可低估的。无论其外观如何多变，从效果图的制作角度而言，无非是从材质的反射及表面贴图两重层面来着手制作。同时，再配合一定的辅助细节，如：协调的灯光条件、表面凹凸质感等，这样制作起来便顺理成章了（如图M-16所示）。

图M-16　木料材质渲染效果

材质难点：

　　利用VRay渲染器制作木料材质的确较为简单，其中哑光漆木纹材质巧用不同贴图通道附加多层次贴图，算是其中的制作难点，不过与其说是难点，不如将其看作较为烦琐的制作细节。因为即使在外部贴图缺失的情况下，只需利用其基础材质，在Photoshop软件中结合光感需要自由变换出不同明暗变化的贴图，便可轻松满足制作多通道贴图的需求（如图M-17所示）。

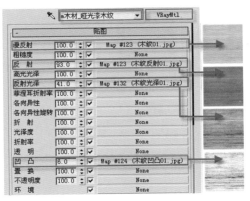

图M-17　哑光漆木纹材质"贴图"卷展栏及渲染效果

　　其中，Photoshop软件中"图像"菜单中"调整"命令的子菜单"去色"、"色阶"、"曲线"、"亮度/对比度"等选项都是极为实用的，且设置方法也都是极为简单的（如图M-18所示）。

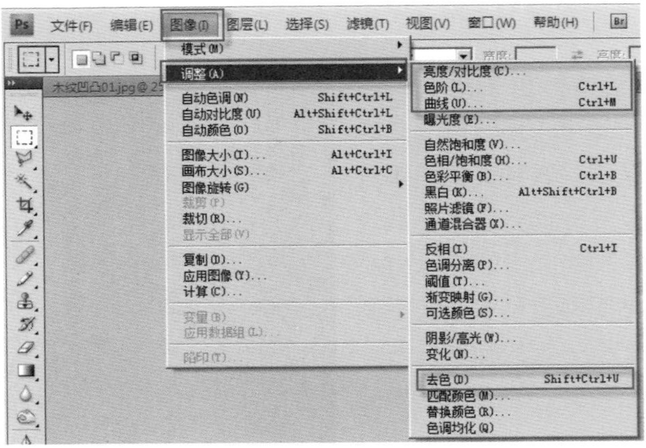

图M-18　photoshop软件中"图像"菜单

　　反射参数也同样是木料材质的制作核心技巧，因为哑光漆与亮光漆的区别主要就是纠结于此。反射的强度会对材质表面的视觉效果，甚至触觉感受直接起到引领作用。但是即便如此，也不能一味地夸大设置，多数情况下只需添加"菲涅耳"（Fresnel）衰减贴图，便可有效地将木料材质的放射参数控制在正常范围值之内。同时，在配以合适的"高光光泽度"、"光泽度"，不同反射细节的木料材质便随之而产生（如图M-19所示）。

图M-19　亮光漆木纹材质"基本参数"卷展栏

　　实际上对于优秀效果图而言，无论是模型制作，还是材质模拟立体细节，它们始终都是成就最终效果的关键。不言而喻，凹凸贴图就是主宰材质立体感的技术优势。即使表面凹凸变化极为明显的竹木窗帘材质，使用该方法制作也足以将其完美呈现，但是必要的反射细节同样不能忽视（如图M-20和图M-21所示）。凹凸变化极为规律的木地板材质也是如此。

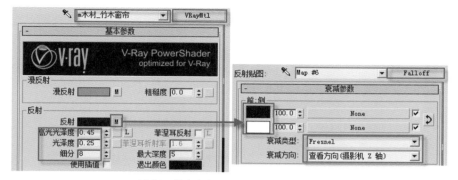

图M-20　竹木窗帘材质"基本参数"卷展栏

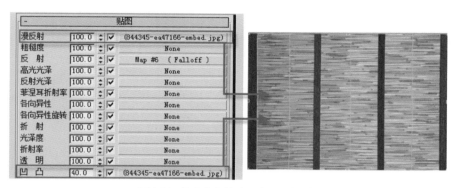

图M-21　竹木窗帘材质"贴图"卷展栏

　　看似种类繁多的木料材质，其制作环节实际上主要集中在反射与凹凸细节上，多层次贴图通道的叠加效果可以有效地增进材质表面的光感效应。结合以上几点进行制作，即使再多变的木料材质，也会在贴图完备的基础上大放异彩。

P——皮革材质

皮革材质 —— 054-055

　　在人们的日常生活中，皮革材质并不罕见，除了多被制成箱包服饰以外，在室内环境中还会用于加工成型为软体家具，如沙发、卧床以及隔音软包背景墙。

　　随着生产技术的提升，即使是仿皮制品，其表面的皮纹质感也很不错，由于内在纹理对于整体材质的外观效果十分重要，所以在模拟此类材质时，便也从纹理角度根据所应用的皮革位图有所划分。但无论其纹理变化如何多样，无非是贴图更换的差别，即使在不具备所需色彩位图的情况下，但只要拥有相应的纹理贴图，那么相应的皮革材质制作也并不会因此而陷入窘境。

　　相反，通过光照影响，不同皮革表面所凸显的肌理效果，却是在制作过程中值得反复推敲的细节。结合不同的肌理凹凸变化，大体上可将皮革材质分为哑光与亮光两种，主要模拟较为普通的皮革与极为光亮的漆皮质感。在这两种不同反射程度的作用下，形式各异且触感逼真的皮革材质便会逐一地展现出来。

序　号	字母编号	知识等级	用　途	常用材质	扩展材质
054	P-Y	●	家具装饰	哑光暗纹皮革材质	普通地毯材质
055	P-L	◆	家具装饰	亮光鳄鱼纹漆皮材质	单色压花绒布材质

Materiat

054

P-Y
● ◆ ★

哑光暗纹皮革材质

材质用途：家具装饰	扩展材质：普通地毯材质

材质参数要点：● "凹凸" 贴图　●反射参数

材质分析：

哑光暗纹皮革材质是由于其微弱的反射效果，而引发其表面皮质纹理略带模糊的质感，这也是该材质的制作要点。所以在此，便选用具有色彩属性的皮革贴图及相应纹理贴图相互叠加于不同材质通道的方法加以模拟。虽然其制作过程较为简单，但在不同光效的作用下，起伏不平的立体肌理变化更能显示出皮革本身的自然魅力（如图P-1所示）。

图P-1　哑光暗纹皮革材质渲染效果

材质参数设置：

基本参数：将材质设置为VRayMtl材质，调整相应基本参数（如图P-2所示）。

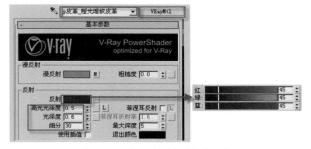

图P-2　哑光暗纹皮革材质 "基本参数" 卷展栏

※ 小贴士：由于此材质属于哑光表面，所以无论反射颜色还是各项参数都应适度降低，以加强整体的重量体积感。

贴图参数：添加贴图通道相应位图，调整通道参数（如图P-3所示）。

此材质是使用两张皮革贴图同时叠加于"漫反射"与"凹凸"通道中，通过加强凹凸通道的参数进而模拟出皮革质地。所以两张纹理位图的细节图案一定要对应，同时还应结合实际场景模型的尺寸及时对"贴图坐标"进行修改，以形成皮革纹理合理的比例标准（如图P-4所示）。

图P-3　哑光暗纹皮革材质"贴图"卷展栏　　图P-4　哑光暗纹皮革材质示例球显示效果

应用扩展：普通地毯材质

应用"漫反射"与"凹凸"通道贴图相互叠加所制作的材质实际上还有很多，如地毯、毛巾、瓷砖等。只不过由于各材质表面属性的差异，在制作过程中两通道贴图所占的视觉比例也有所差别（如图P-5所示）。

图P-5　普通地毯材质的调整及渲染效果

案例总结及目的：

哑光暗纹皮革材质的制作方法实际上极为简单，无非是通过不同的位图贴图叠加于相应通道中以形成起伏内陷肌理效果。但通过此材质的制作，应在其中寻觅到位图与贴图通道之间的内在关系，进而为更加深刻地领悟在强烈光照反射特性下材质立体变化的原理奠定基础。

亮光鳄鱼纹漆皮材质

Materiat 055 P-L

材质用途：家具装饰	扩展材质：单色压花绒布材质

材质参数要点： ● "衰减"贴图颜色设置 ● "凹凸"贴图

材质分析：

　　亮光鳄鱼纹漆皮材质与哑光暗纹皮革材质，看似只是在反射光效上有所区别，但实则不然。其中，主要的差别是在其固有色的设置上，通过自定义的衰减色彩变化，在凸显漆皮高亮表面质感的同时，同样可以将鳄鱼皮的纹理细节刻画得栩栩如生，尽显其内在的奢华之感（如图P-6所示）。

图P-6　亮光鳄鱼纹漆皮材质渲染效果

材质参数设置：

　　基本参数：将材质设置为**VRayMtl**材质，调整相应基本参数（如图P-7所示）。

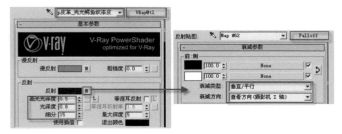

图P-7　亮光鳄鱼纹漆皮"基本参数"卷展栏

　　贴图参数：添加相应通道位图，并调整通道参数（如图P-8所示）。

※ **小贴士**：由于此材质的反射较为光亮，所以其相关设置参数与凹凸通道细节参数设置联系得更为紧密，可视其反射程度对凹凸参数进行微调。

　　此皮纹材质，在"漫反射"及"反射"通道中同时使用"衰减"贴图的方式自定义该区域颜色，是在寻找颜色皮纹贴图未果的情况下，最佳的解决方案。不仅可以解决燃眉之急，而且利用颜色代替漫反射位图也能够将鳄鱼纹漆皮纹理在衰减颜色的作用下，更加凸显自然反射的光亮效果（如图P-9所示）。

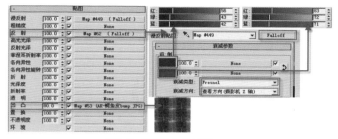
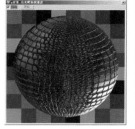

图P-8　"贴图"卷展栏　　　　　　　　　　图P-9　示例球显示效果

　　同样是利用"衰减"贴图自定义颜色方式，只不过要将衰减类型及颜色进行更换，便可轻松地将其转换为绒布材质。同样，也可根据布料本身的凹凸及反射变化选择更为多样的凹凸纹理位图（如图P-10所示）。

图P-10　单色压花绒布材质的调整及渲染效果

　　通过学习亮光鳄鱼纹漆皮材质的制作方法，从中应加深对"衰减"贴图及相关参数调整的认识，进而总结出不同衰减类型结合相应通道的应用原理，以刻画出更为逼真的皮革材质。

193

P

篇后点睛（P）

——皮革材质

材质总结：

被粗略归纳为哑光与亮光的两大类皮革材质，整体的调整过程极为类似，纹理细腻的位图贴图在其中起到不可忽视的主导作用。有些特殊情况，倘若贴图条件不允许，可以借用"细胞"、"烟雾"等程序贴图加以模拟，但是此类方法渲染效果极为有限。可见，位图贴图的完整性，是直接影响皮革材质最终渲染技巧的关键。同时，结合哑光和亮光的反射要求，即使再多种类的皮革材质也不过如此（如图P-11所示）。

图P-11　皮革材质渲染效果

材质难点：

日常生活中磨砂皮革极为常见，根据其表面粗糙的质地可将其归为哑光皮革一类，渲染难点是在确保层次鲜明的反射质感的基础上，突出表现材质的立体凹凸质感。在此可以巧用不同的贴图通道，进而模拟层次多变的粗糙质感（如图P-12所示）。磨砂皮表面的反射不易过强，故反射色彩不能过亮，可为其添加"菲涅耳反射"效果，但由于凹凸贴图的原因，可以结合渲染计算机硬件配置标准，适当加大细分数值，以寻求更为逼真的渲染质量（如图P-13所示）。同时将具有真实质感的磨砂皮贴图应用于材质贴图的多层次通道，根据贴图色彩变化科学地计算出相应通道中的参数需求，可以提升光度照射的有效性。如果能够根据各层通道的相应需求，应用Photoshop软件将材质贴图进行简易去色则更好。值得一提的是，略关注该通道的具体参数同样可以达到事半功倍的成效（如图P-14所示）。看似难点，实则仅此一张贴图便可成就整体细节。

图P-12　磨砂皮革材质渲染效果

图P-13　磨砂皮革材质"基本参数"卷展栏

195

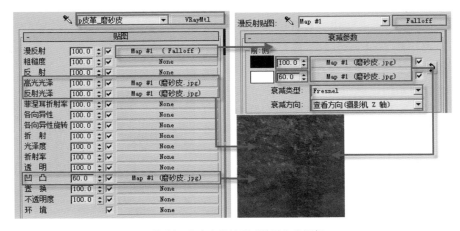

图P-14 磨砂皮革材质"贴图"卷展栏

由于皮革材质表面具有凹凸变化，所以在光影的照射下反射效果尤为凸显，近景写实的亮光细微皮革更是如此（如图P-15所示）。随之对其相应的反射参数要求也会更为严谨，反射的细节已不单纯停留在简易参数设置的基础上，应结合纹理凹凸起伏变化，利用"衰减"贴图以区分反射区域的细节，同时精确"高光光泽度"及"光泽度"参数（如图P-16所示）。根据贴图纹理，使用多通道图层贴图相互叠加的技巧，以形成材质表面凹凸有致的细节变化。由于贴图色彩所限，其中凹凸贴图通道中，负数的通道参数在此起到尤为重要的主导作用（如图P-17所示）。可见，任何的细节都可能是成就真实质感材质的核心技巧。

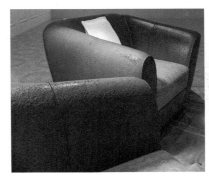

图P-15 亮光细纹皮革材质渲染效果

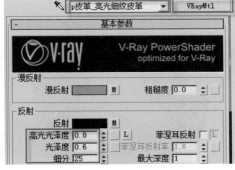

图P-16 亮光细纹皮革材质"基本参数"卷展栏

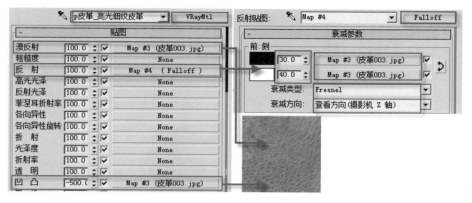

图P-17 亮光细纹皮革材质"贴图"卷展栏

多数情况下，VRay材质是VRay渲染器的首选，但是利用"标准"（standard）材质中的"砂面凹凸胶性"（Oren-Nayar-Blinn）设置配合"衰减"贴图，却是表现牛皮材质表面的绒毛质感更为凸显的技术手段（如图P-18所示）。此种设置方法与绒布材质的制作思路如出一辙，个别细节反射值略有差异，应结合整体场景作综合处理。调整好的材质将其赋予在略带起伏的整张牛皮模型上，皮革材质的另一面的天然质感便骤然呈现于眼前（如图P-19所示）。

图P-18 牛皮地毯材质渲染效果

197

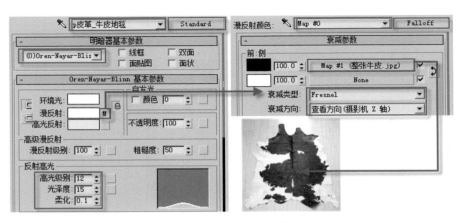

图P-19　磨砂皮革材质"基本参数"卷展栏

　　由此可见，形式各异的皮革材质主要依靠于纹理逼真的贴图作为成就最终完美效果的根基。将其同时应用于不同的通道中，在近似中寻找细节的变化，在变化中总结规律，最终得以呈现出活灵活现的皮革材质。

R——乳胶漆材质

乳胶漆材质

　　乳胶漆又称为合成树脂乳液涂料，是有机涂料的一种。虽然乳胶漆由于生产原料的差别可分为许多种类，相应表面光泽度也会呈现出亮光、哑光、半光等形态，但在室内效果图中该材质应该都属于较为微弱的低反射材质，其细节变化在图面中并不是非常显著，但乳胶漆的表面色彩却对周围环境物体甚至整体画面的影响极大。在制作时，应结合场景中不同的灯光及大面积材质的色溢现象对乳胶漆材质进行权衡，有时可为其添加"材质包裹器"。

　　不仅如此，还可就此基础更加深入地刻画，从表面二维变化继续升级到三维立体阶段，进而形成既能防止墙体开裂，其装饰效果又美观大方的墙基布乳胶漆材质，此种材质更是集乳胶漆和壁纸的优点二合为一的杰出代表。

序　号	字母编号	知识等级	用　途	常用材质	扩展材质
056	R-B	●	墙面装饰	白色乳胶漆材质	白油漆材质
057	R-C	◆	墙面装饰	彩色乳胶漆包裹材质	木地板包裹材质
058	R-Q	◆	墙面装饰	墙基布乳胶漆材质	矿棉板材质

056

R-B

● ◆ ★

下载：\源文件\材质\R\056

白色乳胶漆材质

材质用途：墙面装饰	扩展材质：白油漆材质

材质参数要点：　●输出贴图　●跟踪反射

材质分析：

　　白色乳胶漆材质无论在现实生活中还是在效果图上，都极为常见。在制作时除了要适度控制整体的反射细节以外，最重要的是始终要确保该材质在整体画面中其固有色的视觉效果。应在明确白色质地的同时，兼顾整体画面的艺术氛围，注意光照与材质色彩的综合效应（如图R-1所示）。

图R-1　白色乳胶漆材质渲染效果

材质参数设置：

　　基本参数：将材质设置为VRayMtl材质，调整相应基本参数（如图R-2所示）。

图R-2　白色乳胶漆材质"基本参数"卷展栏

　　※ **小贴士**：对于乳胶漆材质而言，往往被赋予给大面积裸露于场景中的墙体模型之上，所以增多细分可以有效控制墙面光影斑点的局面。

　　选项参数：取消勾选"跟踪反射"复选框，以凸显乳胶漆微弱反射特征（如图R-3所示）。

201

参数解密:

　　白色乳胶漆材质,之所以可以体现其内在的固有色彩特性,主要取决于"漫反射"通道中的"输出"贴图设置,通过增加"输出量"在强调其固有色的同时,增进白色墙面表面与周围物体之间的柔光特性。但是,往往由于白色材质极易受到周围物体的影响,必要情况下可针对场景大面积重色材质为其添加"材质包裹器",继而协调画面色调关系(如图R-4所示)。

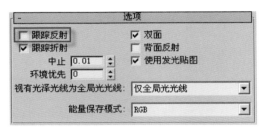

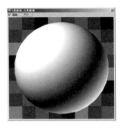

图R-3　白色乳胶漆材质"选项"卷展栏　　　图R-4　白色乳胶漆材质示例球显示效果

应用扩展:白油漆材质

　　使用"输出"贴图以增强材质自身的亮度显示效果,此种设置方法多会用于制作固有色为白色物体材质之上,所以这也是白油漆材质所惯用的模拟方式(如图R-5所示)。

图R-5　白油漆材质的调整及渲染效果

案例总结及目的:

　　通过学习白色乳胶漆材质的制作方法,应对使用"输出"贴图设置以增强材质本身固有色的调整技巧更为深入地了解,同时能够举一反三,将其应用于更多的材质制作领域,以达到整体画面渲染色调更为真实的目的。

057 彩色乳胶漆包裹材质

R-C

● ◆ ★

| 材质用途：墙面装饰 | 扩展材质：木地板包裹材质 |

材质参数要点：●VR材质包裹器 ●产生/接受全局照明

材质分析：

此处所指的彩色乳胶漆包裹材质，是指主要针对比较艳丽色彩的大面积墙体面临色溢现象所实施的最佳材质设置方案。通过在普通乳胶漆材质的基础上为其添加"VR材质包裹器"材质，进而对其产生与接收全局照明加以控制，最终确保整体画面色彩关系在组织协调的情况下，得以真实地展现（如图R-6所示）。

图R-6　彩色乳胶漆包裹材质渲染效果

材质参数设置：

VR材质包裹器参数：设置为"VR材质包裹器"材质后，在调整相应参数的同时，将其基本材质指定为普通乳胶漆材质（如图R-7所示）。

图R-7　彩色乳胶漆包裹材质"VR材质包裹器参数"卷展栏

参数解密：

彩色乳胶漆，由于光线反弹作用会加剧材质浓艳固有色的色溢现象，所以添加"VR材质包裹器"材质势在必行。通过降低此材质的"产生全局照明"参数，此处降至"0.2"，再结合适度光照补充，可有效地控制整体画面的色彩效果，进而将其真实展现（如图R-8所示）。

未使用"VR材质包裹器"的渲染效果　　　　使用"VR材质包裹器"后的渲染效果

图R-8　彩色乳胶漆材质添加"VR材质包裹器"前后对比效果

应用扩展：木地板包裹材质

　　"VR材质包裹器"能够应用于彩色乳胶漆材质上，实际上还可以应用于其他很多领域，如添加在大面积深色木地板或艳丽色的家具材质上，同样也可达到解决整体画面色溢困惑的目的。进而可以使同一场景中的浅色物体材质渲染得更为出色，如下图中墙面材质（如图R-9所示）。

图R-9　"包裹木地板及红绒布"材质的调整及渲染效果

案例总结及目的：

　　通过学习彩色乳胶漆包裹材质的制作方法，能够对"VR材质包裹器"材质进一步深入了解，从中总结出此设置方法不仅可以通过提高全局照明模拟半透光的光照材质，而且将其降低甚至可以解决影响整体画面的色溢问题，进而达到通过小技巧解决大问题的目的。

058

R-Q

墙基布乳胶漆材质

| 材质用途：墙面装饰 | 扩展材质：矿棉板材质 |

材质参数要点：●跟踪反射　●凹凸通道

材质分析：

墙基布，可以说是近些年刚刚涌进室内装修市场的新成员，但是它以其自身独特的立体外观及色彩的随意性、可更改性特点，在现如今的装饰市场上已占领了一席之地。但无论从其实际材料外观的展示效果还是效果图渲染形式来看，实际上此种材质却是在乳胶漆材质的基础上加以延伸的产物。通过光影及观察角度的变换，可以将其内在的立体细节发挥到极致（如图R-10所示）。

图R-10　墙基布乳胶漆材质渲染效果

材质参数设置：

基本参数： 在设置为VRayMtl材质的前提下，调整反射参数（如图R-11所示）。

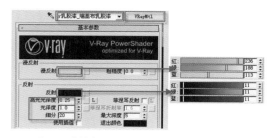

图R-11　墙基布乳胶漆材质"基本参数"卷展栏

贴图参数： 为"凹凸"通道添加相应的位图贴图（如图R-12所示）。

选项参数： 取消勾选"跟踪反射"复选框，以凸显乳胶漆微弱反射特征（如图R-13所示）。

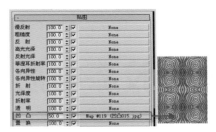
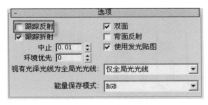

图R-12　墙基布乳胶漆材质"贴图"卷展栏　图R-13　墙基布乳胶漆材质"选项"卷展栏

参数解密：

墙基布乳胶漆材质是在普通乳胶漆材质基础上的深化，所以此材质反射属性也是比较微弱的，但为了结合其立体凹凸纹理的细节变化，此处便适度添加"高光反射度"以增进整体的艺术感（如图R-14所示）。

图R-14　示例球显示效果

应用扩展：矿棉板材质

墙基布的凹凸纹理是通过为凹凸通道添加位图进行模拟的，此种制作方法与许多具有立体变化的材质存在内在统一性，如矿棉板材质、立体装饰画材质等（如图R-15所示）。

图R-15　矿棉板材质调整及渲染效果

案例总结及目的：

通过本例墙基布乳胶漆材质的制作学习，使读者对不同反射及立体变化的乳胶漆材质制作技巧更为了解，在准确掌握表面质感的前提下，同时达到利用材质结合灯光造型的表现技巧。

R

篇后点睛（R）

——乳胶漆材质

下载：\源文件\R\篇后点睛（R）——乳胶漆材质

材质小结：

目前，乳胶漆材质可以算是室内空间墙面装饰材料中的"主力军"，由于该材质其表面的特殊质地效果及空间尺度的限制，往往受周围材质的"色溢"影响。所以，无论应用何种制作方法，其制作要点都应集中在突出表现材质的固有色彩环节上（如图R-16所示）。

图R-16　乳胶漆材质渲染效果

材质难点：

使用"材质包裹器"（VRayMtlWrapper）或"VR代理材质"（VrayOvrrideMtl）都是解决材质间"色溢"问题的有效措施。

在室内效果图中常使用"材质包裹器"控制场景材质的全局光照特殊处理效果，灯罩、灯带材质便是如此，其中此处颜色亮丽的墙基布乳胶漆材质也同样应用此方法设置。它能够将场景中的材质进行"个体"化处理，进而精确控制各物体材质之间的"色溢"现象。

通过"产生全局光照"与"接收全局光照"选项分别设置当前所选材质是否计算GI光照，以更好地模拟各材质之间色彩的细腻变化（如图R-17所示）。将此"材质包裹器"材质赋予在普通墙基布乳胶漆之上，便可轻松驾驭其整体画面材质间的"色溢"局势。

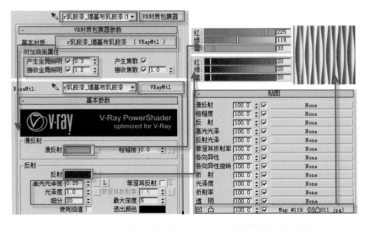

图R-17　包裹墙基布乳胶漆材质"材质包裹器"卷展栏

208

使用"VR代理材质"的方法控制画面"色溢"现象，其设置原理与前者基本相同。在渲染过程中，"VR代理材质"利用其自身的"基本材质"和"全局光材质"将材质反射与表面显示二者分离。其中，"全局光材质"顾名思义便是用于参与全局光GI计算的材质，而"基本材质"不参与全局光计算，只用来渲染显示的材质（如图R-18所示）。例如：本案中整体空间色溢过于受影响的重色瓷砖，为其叠加"VR代理材质"后，只需通过调整该材质中的"全局光材质"的"漫射"颜色，就可解决"基本材质"的色溢问题，而且不影响材质自身的纹理色彩质感及效果。

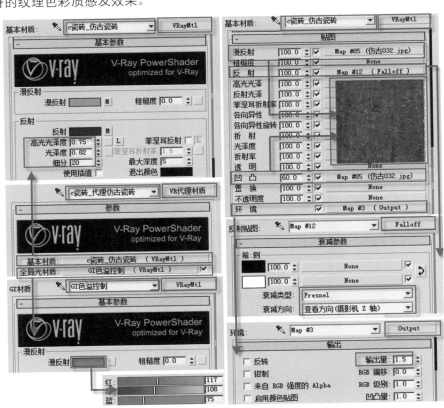

图R-18　代理仿古瓷砖材质"VR代理材质"卷展栏

两种解决色溢的方法对于乳胶漆材质而言，可算作其中较难的制作环节，难点并不在于其烦琐的制作步骤上，而其中需要结合整体场景微调的全局照明参数却是重中之重。协调的参数设置可以有效地调控整体画面的色彩倾向，以满足不同室内空间色相及色温的需要（如图R-19所示）。

使用"VR材质包裹器"及"VR
代理材质"后渲染效果

未使用"VR材质包裹器"及"VR
代理材质"后渲染效果

图R-19 使用"VR材质包裹器参数"及"VR代理材质"前后对比效果

模拟乳胶漆材质的核心技巧，主要体现在其反射细节上。在现实生活中，虽然乳胶漆分为亮光、哑光、蛋壳光等形态，但总体上与其他材质比较，其反射效果几乎微乎其微，尤其是在室内效果图的大面积墙体裸露场景中，只要降低材质表面的反射效果，就能进一步模拟其细节质感，有时甚至可以将其"跟踪反射"取消选择，以便更好地诠释材质的微妙变化。同时可加大材质细分参数，以精确渲染品质（如图R-20所示）。

图R-20 乳胶漆材质"选项"卷展栏

强调白色乳胶漆表面的色彩倾向，不仅要注意整体场景中"色溢"现象，增进材质表面漫反射色彩的输出量，也是稳定白色材质表面固有色极为有效的方法之一。"输出"贴图添加于此，主要可以将材质漫射色彩技术优势更为充分地发挥，可将其假设为自身材质增加倍增值的一张贴图，甚至可看作是其他贴图上所添加的自发光值。如果在输出贴图（Output）上再贴上其他贴图则会立即将原有贴图凸显得更为明亮。所以应用此种技术优势，确实可为白色乳胶漆的明度表现增色很多，但具体的输出量还要与整体场景的光环境进行综合考虑，切忌不可模式化套用（如图R-21所示）。

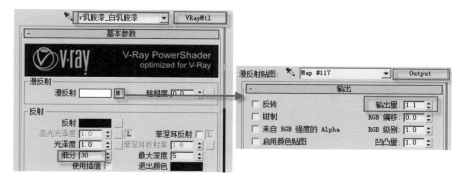

图R-21　白乳胶漆材质"基本参数"卷展栏

此外，乳胶漆材质应用极为广泛，在其制作基础上，添加适当的凹凸贴图及相应的"UVW贴图"，凹凸立体变化的墙基布材质便立即展现出来，关键是必须要结合当前场景中整体的灯光及周边物体的色彩，以免过度产生"色溢"现象。

S——石材材质
S——食物材质
S——塑料材质

S

石材材质 ——————059-064

在室内效果图中无论制作何种石材，主要都是通过位图贴图及自定义颜色对其外观进行模拟，同时配合一定的反射特效，进而形成形式各异的石材材质。在此仅以人造石台面、拼花石材、仿旧墙面、鹅卵石、文化石及玉石等几种特色石材作为经典案例进行逐一剖析，其余未提到的近似石材其制作方法也是大同小异的。

序　号	字母编号	知识等级	用　途	常用材质	扩展材质
059	S-R	●	家具装饰	人造石台面材质	高光漆木纹材质
060	S-C-P	◆	地面装饰	程序拼花石材材质	双色镶银布料材质
061	S-F	◆	墙面装饰	仿旧墙面材质	花纹纱帘材质
062	S-E	★	陈设品装饰	鹅卵石材质	葡萄材质
063	S-W	◆	墙面装饰	文化石材质	鹅卵石材质
064	S-Y-S	★	陈设品装饰	玉石材质	简单半透玉石材质

Materiat

059

人造石台面材质

| 材质用途：家具装饰 | 扩展材质：高光漆木纹材质 |

材质参数要点： ●高光光泽度 ●反射光泽度

材质分析：

　　人造石台面材质，是一种新型的复合材料。由于此种材质是由不同色料的化学材质配比而成，所以其表面色彩艳丽、光泽如玉，与天然大理石制品极为相似。因此，该材质的制作与普通大理石或花岗岩等多种材质的调整细节基本相同，主要是依靠图案色差较小的位图贴图结合一定的反射特性，叠加渲染而成的（如图S-1所示）。

材质参数设置：

图S-1　人造石台面材质渲染效果

　　基本参数：将材质设置为VRay-Mtl材质，调整相应基本参数（如图S-2所示）。

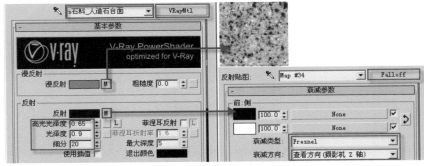

图S-2　人造石台面材质"基本参数"卷展栏

※ 小贴士：添加衰减反射效果以增强整体材质内在的反射特性，能够将光源变化模拟得更为逼真。

A B C D G J K L M P R S T Y Z

参数解密：

　　体现人造石台面材质反射细节的重点选项，非"高光光泽度"及"光泽度"莫属。适度弱化两个参数，可以有效地控制石材台面与整体空间的内在关系。同时在必要情况下，还不能忽视石材纹理的正确坐标显示方式，应为其添加合理尺度的"UVW贴图"，以强化整体外观的真实性（如图S-3所示）。

图S-3　　人造石台面材质示例球显示效果

应用扩展：高光漆木纹材质

　　人造石台面材质其表面所渲染出柔滑细腻的反射倒影均要归功于反射光效，实际上主要通过该参数来凸显材质特性的材质还有很多，如高光漆木纹材质、抛光瓷砖材质等，它们的反射参数同样是决定材质质感的关键（如图S-4所示）。

图S-4　　高光漆木纹材质的调整及渲染效果

案例总结及目的：

　　通过学习人造石台面材质的制作方法，应对石材材质最终质地体现及反射光效之间的内在关系深入理解，同时要养成使用"UVW贴图"调整坐标的习惯，进而才能为制造更为复杂纹理的石材材质奠定基础。

060

S-C-P
● ◆ ★

下载:\源文件\材质\S\060

程序拼花石材材质

| 材质用途：地面装饰 | 扩展材质：双色镶银布料材质 |

材质参数要点：●混合（Blend）材质 ●UVW贴图

材质分析：

在一些较为大型的室内公共空间中，使用拼花石材铺设地面是一种常见的烘托艺术氛围，装点室内空间的手段。由于拼花石材的内在图案、材料质感丰富多彩，所以使用"混合（Blend）"程序材质进行模拟，不仅节约面型制作，而且渲染效果更为经典，可以有效地弥补地面模型起伏拼接的缺憾（如图S-5所示）。

图S-5 程序拼花石材材质渲染效果

材质参数设置：

混合参数：设置为"混合（Blend）"材质后，将其两个基本材质指定为VRayMtl材质的同时，结合遮罩贴图调整相应参数（如图S-6所示）。

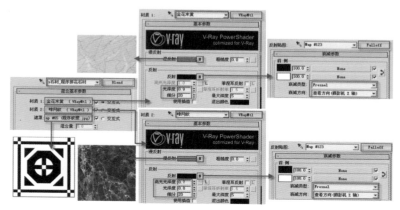

图S-6 程序拼花石材材质"混合基本参数"卷展栏

※ 小贴士：为确保材质纹理更为真实，应结合模型尺寸为贴图添加相应坐标设置，必要时应为其添加"UVW贴图"。

参数解密：

程序拼花石材材质，顾名思义，成就该材质纹理及图案组合的关键环节，必然是混合程序材质。其中两个基本材质不仅可以通过相应遮罩贴图进行自由组合，而且还可以通过材质类型根据需要将其分别定义为不同的材质属性（如图S-7所示）。

图S-7 程序拼花石材材质示例球显示效果

应用扩展：双色镶银布料材质

使用"混合（Blend）"程序材质除了可以模拟拼花石材材质以外，随着遮罩贴图的更换，结合相应的材质属性，还可以制作出更多类型的复合材质。如双色镶银布料、生锈旧金属材质等（如图S-8所示）。

图S-8 双色镶银布料材质的调整及渲染效果

案例总结及目的：

通过学习程序拼花石材材质的制作方法，使读者进一步掌握"混合"程序材质的调整细节，从理性上理解遮罩贴图对此种材质的重要作用，从而在有效减轻多余模型制作负担的同时，达到提高制图效率的目的。

217

仿旧墙面材质

| 材质用途：墙面装饰 | 扩展材质：花纹纱帘材质 |

材质参数要点：●混合（Mix）贴图　●混合量

材质分析：

仿旧墙面材质，可以将其看做水磨石材质的深入体现，其表面不仅斑驳粗糙，更重要的是在个别部位还存在稀疏脱落的立体效果。这些都是此材质所特有的塑造要点，所以采用的制作方法也相对复杂些，需使用"混合（Mix）"贴图、"凹凸"甚至"置换"材质相互结合的方式，才能够将此材质的细节纹理雕琢到极致（如图S-9所示）。

图S-9　仿旧墙面材质渲染效果

材质参数设置：

贴图参数：在设置为VRayMtl材质的前提下，调整贴图参数（如图S-10所示）。

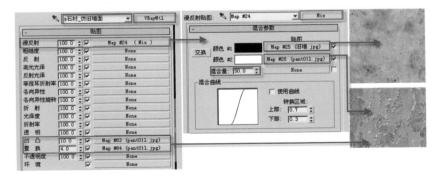

图S-10　仿旧墙面材质"贴图"卷展栏

参数解密：

表现此材质的"混合（mix）"贴图与前面我们所提到的"混合（Blend）"材质有本质的区别，虽然二者都具备混合的特性，但在材质两种色彩部分统一属性的情况下，"混合"贴图整体表达的形式更为简便，尤其对于此处只需按比例混合贴图的情况，如果没有遮罩贴图，那么"混合量"参数便是两个基本贴图混合效果的直接控制选项，在此为保持均衡设置为"50"，象征两者各占50%（如图S-11所示）。

图S-11 仿旧墙面材质示例球显示效果

应用扩展：花纹纱帘材质

同样是使用"混合（mix）"贴图的设置方式，只不过是将其应用于折射通道中，便可实现花纹透光的纱帘材质，其中花纹位图是决定材质纹理的关键，将其视为遮罩通道便可将两种基本贴图更好地融合处理（如图S-12所示）。

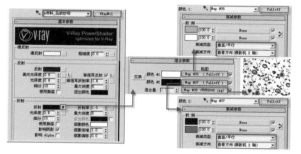

图S-12 花纹纱帘材质的调整及渲染效果

案例总结及目的：

本例仿旧墙面材质主要是使用"混合（mix）"贴图形式制作而成的，通过学习应对该材质制作细节更加深入理解，明确"混合量"或相应贴图对整体材质的关键制约作用，最终通过混合配比将其应用于更广的材质制作领域。

062

S-E

下载：\源文件\材质\S\062

鹅卵石材质

材质用途：陈设品装饰	扩展材质：葡萄材质

材质参数要点：●VR混合材质（VRayBlendMtl）

●噪波贴图

材质分析：

鹅卵石作为一种纯天然的石材，取自经历过千万年的砂石山中，由于其饱经山洪、流水等外力冲击，所以石材的表面光滑如玉，而且表面所呈现出的色彩斑点也是格外的自然清晰。在制作时，为突出其外观效果，特选用"VR混合材质"加以模拟，可以让多个材质以层的方式混合，虽与"混合（Blend）"材质近似，但渲染速度却迅速许多（如图S-13所示）。

图S-13 鹅卵石材质渲染效果

材质参数设置：

VR混合材质参数：在设置为"VR混合材质"材质的前提下，调整反射参数（如图S-14所示）。

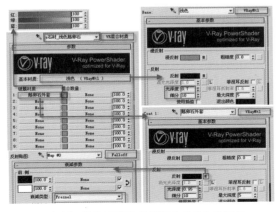

图S-14 鹅卵石材质"VR混合参数"卷展栏

VR混合基本材质参数：为名为"浅色"的基本材质调整属性，并通过反复叠加"噪波"贴图，调整表面漫反射颜色（如图S-15所示）。

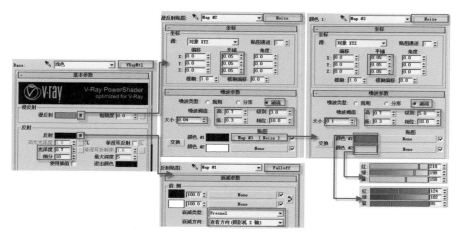

图S-15 鹅卵石材质"VR混合基本材质"卷展栏

参数解密：

鹅卵石材质是通过"VR混合材质（VRayBlendMtl）"进行多层材质叠加模拟的，但成就此材质最终效果的关键还不能缺少基本材质中"噪波"贴图设置。通过调整"噪波"大小，以更为真切地表现鹅卵石表面的斑纹效果，具体大小要根据场景实际尺寸的设置反复推敲（如图S-16所示）。

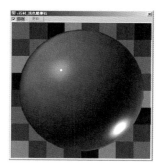

图S-16 鹅卵石材质示例球显示效果

应用扩展：葡萄材质

通过"噪波"贴图模拟材质表面的肌理斑纹，实际上不单用于此处，许多材质都可使用该方法。如制作葡萄材质表面半透明白霜效果，但同样也要注意整体模型与"噪波"大小的比例关系（如图S-17所示）。

221

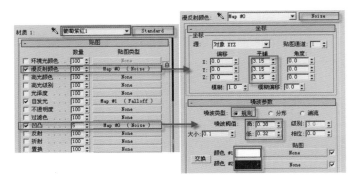

图S-17　葡萄材质的局部参数调整及渲染效果

※小贴士：葡萄材质并非只需为其添加"噪波"贴图即可表现出材质表面各部分的细节效果，往往运用"噪波"贴图调整材质漫反射颜色时还需与"混合"材质相结合，葡萄材质也不例外，在此由于篇幅有限详情请参见本书食物单元中的葡萄材质。

案例总结及目的：

　　本例通过学习鹅卵石材质的制作方法，使读者深入理解运用"噪波"贴图结合"VR混合材质（VRayBlendMtl）"进行多层材质叠加模拟的意义，同时要根据实际情况对混合材质具体剖析，进而寻找到适合于材质外观的混合形式，在实现效果展示的同时，达到兼顾提高速度的目的。

Materiat

063

文化石材质

材质用途：墙面装饰	扩展材质：鹅卵石材质

材质参数要点：●混合（Mix）贴图　●混合量

材质分析：

文化石虽分为人造和天然两种，但坚实质地与丰富的色泽及纹理是它们二者同时兼具的共性。文化石本身并不具有特定的文化内涵，但是由于石材表面粗砺的质感、自然的形态，会给整体的环境空间增添一份返璞归真的惬意，所以常被用于装饰室内局部背景墙面。那么针对其表面丰富的肌理变化，使用"VR混合材质"加以模拟，当然是不二的选择（如图S-18所示）。

材质参数设置：

图S-18　文化石材质渲染效果

VR混合材质参数：在设置为"VR混合材质"材质的前提下，调整相应参数（如图S-19所示）。

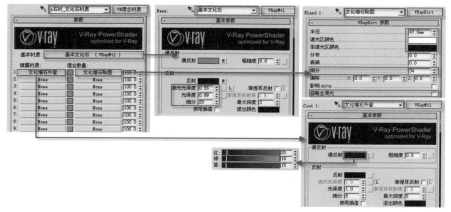

图S-19　文化石材质"基本参数"卷展栏

223

※ 小贴士：通过"VR混合材质"中的"基本材质"与"镀膜材质"有机结合，能够轻松地为表面富有肌理质感的文化石材质增添有利输出途径。

VR混合基本材质贴图参数：在相应通道中添加与其对应的贴图，调整各通道的参数（如图S-20所示）。

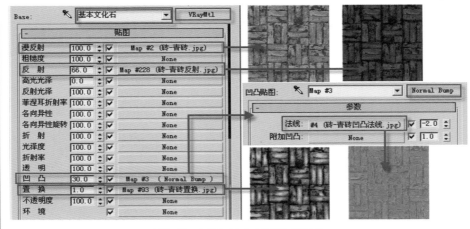

图S-20　文化石材质"贴图"卷展栏

参数解密：

不同的程序贴图利用"VR混合材质"相互叠加，所呈现的效果却是截然不同的，通过"VR混合材质"中的个体子材质进而模拟文化石表面天然粗糙的效果。同时再配合基本材质中"凹凸"及"置换"通道的立体设置，整体材质表面的起伏感随着灯光影射变化才会更为突出（如图S-21所示）。

图S-21　文化石材质示例球显示效果

文化石及鹅卵石两种材质表面都具有丰富的特效，因此使用"VR混合材质"制作方法是最佳的选择。因此，此种设置方法可以算是软件中众多混合材质叠加计算效果及速度，综合评价最高的一种（如图S-22所示）。

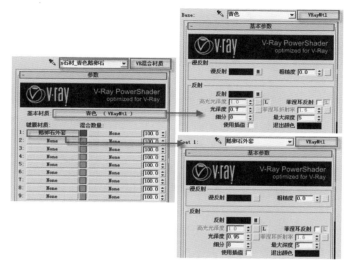

图S-22　鹅卵石材质调整及渲染效果

※ 小贴士：鹅卵石材质表面细节斑点多变，利用"VR混合材质"来塑造较其他混合材质（如Blend材质）的制作方法更为深入。

案例总结及目的：

"VR混合材质"是本例的学习重点，在制作时应结合实际不同样式的文化石所特有的纹理图案，叠加于相应的材质及贴图通道中进行混合，同时混合效果还可随表面多变的肌理感更为多变，综合渲染质量及速度，往往多层次的"镀膜材质"相应会渲染出更为精彩的质感，最终以实现凸显混合材质纹理细节变化的目的。

A B C D G J K L M P R S T Y Z

Materiat

064

S-Y-S

● ◆ ★

玉石材质

材质用途：陈设品装饰 | **扩展材质：简单半透玉石材质**

材质参数要点：　●半透明　●烟雾颜色

材质分析：

　　玉有软、硬两种，软玉主要有白玉、黄玉、紫玉、墨玉、碧玉等，通常白玉为最佳；而硬玉则为翡翠，颜色有白、紫、绿等，绿色为最佳。虽然玉石材质晶莹剔透的反射质感与普通石料材质存在很大的差异，但如果从材质属性角度来讲，玉石仍然归属于石材的范畴。只需在固有反射的基础上更加强调折射变化，乃至产生边缘处半透明的效果，这样便可铸就出近似完美的玉石材质（如图S-23所示）。

图S-23　高级半透玉石材质渲染效果

材质参数设置：

　　基本参数： 在设置为VRayMtl材质的前提下，调整相应参数（如图S-24所示）。

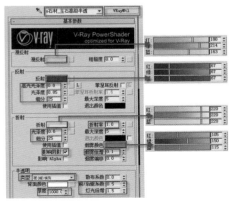

图S-24　高级半透玉石材质"基本参数"卷展栏

使用VRayMtl材质的半透明设置来加强玉石材质表面的通透质感的确是极为奏效的举措。尤其对于处在昏暗光线条件下，通过加大"灯光倍增"参数可以有效地增强玉石材质的光亮效果。但同时还要兼顾"漫反射"与"烟雾颜色"的细节变化，才能更好地控制玉石材质自身的色彩（如图S-25所示）。

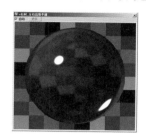

图S-25 高级半透玉石材质示例球显示效果

使用半透明设置制作玉石材质最终渲染效果是有目共睹的，但对于处于光线充足的环境下，只是调整简单的折射参数所塑造出的玉石材质其外部边缘处逐渐递增的通透质感反而会更胜一筹（如图S-26所示）。

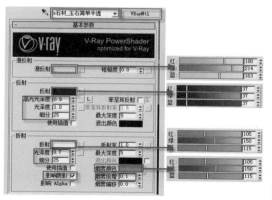

图S-26 简单半透玉石材质调整及渲染效果

通过学习玉石材质的两种制作方法，重点强调材质与周围环境光的内在联系，充分挖掘VRayMtl材质的半透明及折射选项的综合潜力，进而总结出科学有效的玉石材质调整技巧。

S

食物材质 —————— 065-077

众所周知，自古以来"民以食为天"，将其引申至人类赖以生存的实体环境中，食物几乎无处不在。在很多室内效果图中，虽然食物会作为装点环境的附属物存在，但其凭借丰富自然的色彩变化及逼真写实的外观造型，往往会使整体图面更具亲和力。因此近些年来，编辑完好的食物材质日渐成为装点室内环境，尤其是餐饮空间中不可或缺的主体装饰品。

序 号	字母编号	知识等级	用 途	常用材质	扩展材质
065	S-M	●	陈设品装饰	面包材质	咖啡材质
066	S-P-G	◆	陈设品装饰	苹果材质	渐变苹果材质
067	S-X	●	陈设品装饰	香蕉材质	模拟灯罩材质
068	S-P-W	●	陈设品装饰	平纹瓜材质	香肠材质
069	S-A	★	陈设品装饰	凹纹瓜材质	塑料吸管材质
070	S-C-Z	◆	陈设品装饰	橙子材质	细胞橙子材质
071	S-Y-T	◆	陈设品装饰	樱桃材质	香蕉材质
072	S-N	◆	陈设品装饰	柠檬材质	哑光漆木纹材质
073	S-B	★	陈设品装饰	菠萝材质	模拟藤条材质
074	S-J	◆	陈设品装饰	鸡蛋材质	细胞柠檬材质
075	S-P-T	★	陈设品装饰	葡萄材质	冰块材质
076	S-S-C	◆	陈设品装饰	蔬菜材质	立体装饰画材质
077	S-G	●	陈设品装饰	罐头材质	黄铜材质

Materiat

065

S-M
● ◆ ★

面包材质

材质用途：陈设品装饰 | 扩展材质：咖啡材质

材质参数要点： ● 反射通道 ● 凹凸通道

A B C D G J K L M P R S T Y Z

材质分析：

面包是一种把面粉加水和其他辅助原料调匀，发酵后烤制而成的食品。其外观造型随意多变，表面由于经过焙烤，呈现出金黄色，并具有正反面两种展示形态。为追求不同的质感细节，可结合模型表面造型为其添加相应的反射及凹凸贴图，以便更为真实地表现不同造型的面包材质（如图S-27所示）。

图S-27　面包材质渲染效果

材质参数设置：

基本参数：将材质设置为VRayMtl材质，调整相应基本参数（如图S-28所示）。

贴图参数：分别设置不同贴图通道的相应位图贴图，注意其贴图参数设置（如图S-29所示）。

图S-28　面包材质"基本参数"卷展栏

图S-29　面包材质"贴图"卷展栏

参数解密：

此材质表面柔滑的反射特性，是面包材质模拟烘烤后表面真实光感的主要特征。利用对比度明显的黑白贴图，可以有效地将此材质"反射"与"凹凸"质感清晰地表现出来。但要综合场景中周边环境的反射效应，精确设置各贴图通道的相关参数，切忌过高（如图S-30所示）。

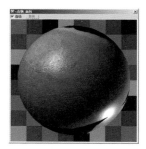

图S-30　面包材质示例球显示效果

应用扩展：咖啡材质

实际上，咖啡材质也是应用与面包材质同样的贴图设置原理，巧用"漫反射"、"反射"及"凹凸"通道赋予相应位图贴图，以塑造材质细节的反射特效。但此种材质设置方法，不仅局限于此，比如一些常见的水果与蔬菜材质也同样是此类设置方法所创造的产物（如图S-31所示）。

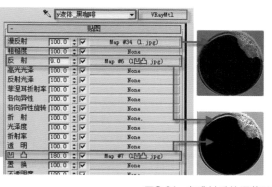

图S-31　咖啡材质的调整及渲染效果

案例总结及目的：

学习面包材质的制作方法后，应对贴图通道与相应黑白贴图所塑造的反射及凹凸细节深入理解，同时提高对贴图通道参数设置微妙变化的认识，以确保最终绘制出更多渲染效果同样精湛的食物材质。

下载：\源文件\材质\S\066

苹果材质

材质用途：陈设品装饰 | 扩展材质：渐变苹果材质

材质参数要点： ●衰减贴图 ●UVW贴图 ●渐变坡度

材质分析：

具有丰富营养价值的苹果，从其外观色彩上观察，可将其分为很多品种，但究其制作方法可大致分为两种：一种为完全使用贴图制作而成；另一种则是使用"渐变坡度"自定义色彩加以模拟。无论何种方式，都离不开与模型外观紧密贴合的贴图坐标，通过添加"UVW贴图"最终才能让近似真实的苹果材质完美展现（如图S-32所示）。

图S-32 苹果材质渲染效果

材质参数设置：

基本参数：将材质设置为VRayMtl材质，调整相应基本参数（如图S-33所示）。

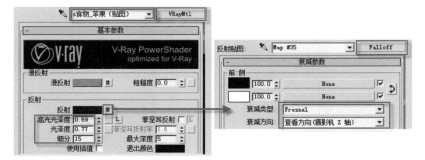

图S-33 贴图苹果材质"基本参数"卷展栏

贴图参数：分别设置不同贴图通道的相应贴图，并调整相关参数（如图S-34所示）。

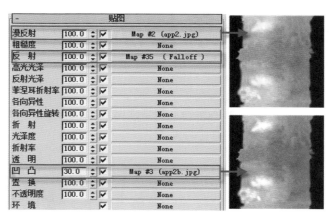

图S-34　贴图苹果材质"贴图"卷展栏

※ **小贴士**：为确保材质纹理更为真实，应结合模型尺寸为贴图添加相应坐标设置，必要时应为其添加"UVW贴图"，并注意其贴图形式应以"收缩包裹"贴图来体现球体模型的细节变化（如图S-35所示）。

参数解密：

　　苹果材质的塑造是运用相互对应的苹果皮纹理位图叠加于"漫反射"与"凹凸"通道中，便可轻松地塑造而成。当然，在必要情况下，还应注意材质表面与周边环境的反射效应，其中"衰减"贴图便是凸显果实光亮质感的秘籍（如图S-36所示）。

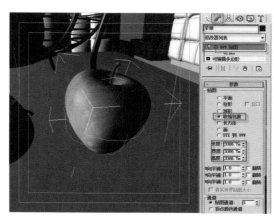

图S-35　贴图苹果材质"UVW贴图"修改面板

图S-36　贴图苹果材质示例球显示效果

应用扩展：渐变苹果材质

使用贴图制作苹果材质其渲染效果的确无与伦比，而且方法简单易懂，但也正是由于其贴图纹理的个性化往往随之伴有资源匮乏的弊端。所以利用"渐变坡度"程序贴图，同样也可模拟出色彩斑斓的苹果材质，而且色彩设置相对更为随意，其材质表面的反射参数可保持不变（如图S-37所示）。

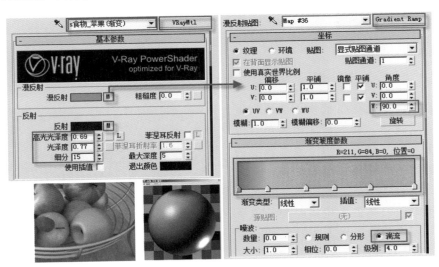

图S-37　渐变苹果材质的"参数"卷展栏及显示效果

※ 小贴士："渐变坡度"程序贴图的局部色彩可根据不同苹果的表面要求随机变化，同时注意其程序贴图的方向。虽然此"渐变坡度"程序贴图未曾使用真正的贴图材质加以模拟，但为了更为真实地将其展现，必要情况下也要为其添加相应的"UVW贴图"修改命令，随即近似真实苹果纹理显示的效果便会大功告成。

案例总结及目的：

本例学习了两种编辑苹果材质的方法，读者应该结合实际场景情况从中总结，力求充分挖掘"位图"贴图与"渐变坡度"程序贴图二者各自的优势，结合实际观察视角，最终实现绘制出逼真质感苹果材质的目的。

Materiat

067

S-X

●◆★

香蕉材质

| 材质用途：陈设品装饰 | 扩展材质：模拟灯罩材质 |

材质参数要点：●衰减贴图　●退出颜色　●烟雾贴图

材质分析：

香蕉是芭蕉科植物，在热带地区广泛栽培。其表面呈中黄色并伴有斑点，在光照作用下表面细腻的反射质感能够更加凸显其内在变化的凹凸肌理特效。所以在制作此种材质时，必将会围绕该材质的"反射"与"凹凸"这两点特性逐一展开（如图S-38所示）。

材质参数设置：

基本参数：在设置为VRayMtl材质的前提下，调整相应基本参数（如图S-39所示）。

图S-38　香蕉材质渲染效果

图S-39　香蕉材质"基本参数"卷展栏

※ 小贴士："退出颜色"物体的反射达到最大深度定义的反射次数后便会停止计算，此时所设定的淡绿色颜色将被退出，且不再追踪远处光线。

贴图参数：分别设置不同贴图通道的相应贴图，并调整相关参数（如图S-40所示）。

制作香蕉材质表面的凹凸质感是通过在"凹凸"通道中添加"烟雾（Smoke）"贴图，但注意其中烟雾"大小"及"平铺"数值。但在条件允许的情况下，也可更换为"位图"贴图形式（如图S-41所示）。

贴图				
漫反射	100.0	✓	Map #30	(073ban
粗糙度	100.0	✓	None	
反　射	100.0	✓	Map #31	(Fal]
高光光泽	100.0	✓	None	
反射光泽	100.0	✓	None	

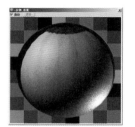

图S-40　香蕉材质"贴图"卷展栏　　　图S-41　香蕉材质示例球显示效果

"烟雾"贴图多数会用于"凹凸"通道中，用来表现材质表面起伏不平的食物颗粒质感，此效果会比"细胞"及"噪波"等程序贴图更为柔和，所以除香蕉材质以外，樱桃及灯罩等材质的外观细节也是由此方法制作而成的（如图S-42所示）。

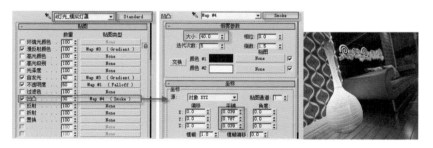

图S-42　模拟灯罩材质的调整及渲染效果

本例通过讲解香蕉材质的制作方法，进一步强化了利用"烟雾"贴图应用于"凹凸"通道而形成材质表面细节立体变化的制作原理，但并不意味着只有"烟雾"贴图才可以模拟材质表面的凹凸颗粒，如"细胞"及"噪波"等程序贴图，甚至纹理清晰的"位图"贴图也是制作此细节十分奏效的方法，读者应结合具体情况科学地抉择。

Material

068

S-P-W
● ◆ ★

平纹瓜材质

材质用途：陈设品装饰　　**扩展材质：香肠材质**

材质参数要点：　●衰减贴图　●退出颜色　●烟雾贴图

材质分析：

　　多数瓜类表面都带有肌理斑纹。所谓平纹瓜材质，实际上只是为了更好地区分于表面内凹造型过于明显的材质而设。所以，在此便把一些瓜皮表面纹理只有一些细微变化的瓜类，如木瓜、西瓜、哈密瓜以及各种菜瓜归于此类。其表面的凹凸纹理与高光光泽都是通过利用与表面固有色纹理呼应的黑白贴图加以模拟的，进而形成细微平缓的平纹瓜材质（如图S-43所示）。

图S-43　平纹瓜材质渲染效果

材质参数设置：

　　基本参数： 在设置为VRayMtl材质的前提下，调整贴图参数（如图S-44所示）。

图S-44　菜瓜材质"基本参数"卷展栏

　　贴图参数： 分别设置不同贴图通道的相应位图贴图，注意其贴图参数设置（如图S-45所示）。

　　制作此平纹瓜材质的秘籍在于表面高光的光泽质感，其中VRayMtl材质"高光光泽度"与标准材质中"光泽度"基本原理类似，都是控制材质高光区域的大小范围值，所以为其添加相应黑白瓜纹位图便可以更为科学有效地控制整体材质的反射效应（如图S-46所示）。

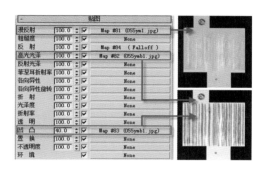

图S-45　菜瓜材质"贴图"卷展栏　　　　图S-46　菜瓜材质示例球显示效果

　　同样应用在通道中添加对应的"位图"及"衰减"贴图，还能制作出香肠等更为多样的材质，而且任何材质都要为其设置相应的"UVW贴图"，必要情况下还应继续添加更为深入的设置选项，如置换贴图，以凸显香肠表面的立体质感（如图S-47所示）。

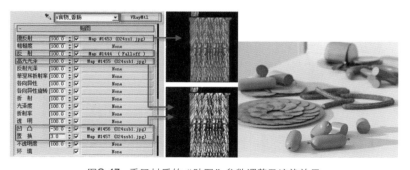

图S-47　香肠材质的"贴图"参数调整及渲染效果

　　本例通过学习平纹瓜材质的制作方法，读者应从运用位图贴图设置选项中理解"高光光泽度"对材质反射的重要意义，进而达到运用贴图巧妙规划材质反射高光区域的目的。

069

S-A

凹纹瓜材质

材质用途：陈设品装饰　　扩展材质：塑料吸管材质

材质参数要点：●混合贴图　●烟雾贴图
　　　　　　　　●噪波贴图　●渐变坡度贴图

材质分析：

　　所谓凹纹瓜材质，是相对于平纹瓜材质而得名的材质（如南瓜）。此种瓜类由于表面具有非常明显的内陷凹纹，此种凹纹并非属于模型制作，而是使用"渐变坡度"、"噪波"等程序贴图巧妙模拟而成的，所以此材质便是以其区别于其他材质的专长而得名。在制作时，应结合其外观造型给予表面纹理充分施展（如图S-48所示）。

图S-48　凹纹瓜材质渲染效果

材质参数设置：

　　基本参数： 在设置为"VR混合材质"材质的前提下，调整相应参数（如图S-49所示）。

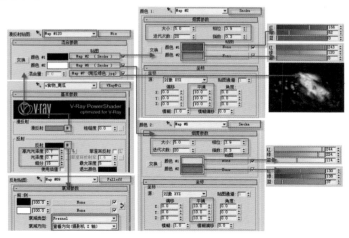

图S-49　南瓜材质"基本参数"卷展栏

※ 小贴士：巧用一张黑白相间的位图作为南瓜材质两种色彩的遮罩贴图。可以在确保两种色彩有机组合的同时，利用烟雾颗粒兼顾南瓜材质表面立体质感的细节变化。

　　贴图参数：分别设置不同贴图通道的相应贴图，并调整相关参数（如图S-50所示）。

参数解密：

　　此南瓜材质的调整相对较难，是使用"混合"、"烟雾"、"渐变坡度"贴图叠加于不同的贴图通道中，其中，"渐变坡度"贴图是成就此材质表面立体凹纹的关键。利用渐变的灰色可以有效地将凹纹设置得更加平缓，同时结合模型调整该纹理坐标，增加其平铺数值，本例设置为"10"，必要时还可继续加大（如图S-51所示）。

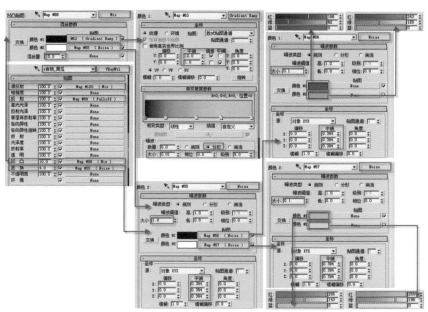

图S-50　南瓜材质"贴图"卷展栏

图S-51　南瓜材质示例球显示效果

应用扩展：塑料吸管材质

　　"渐变坡度"主要是运用多种色彩的渐变原理对所应用的材质通道进行规律变化。除了应用于凹纹瓜材质凹凸纹理上，还可以为塑造蜡烛、蜡烛火焰、花瓣乃至塑料吸管材质增添一份技巧。其中将此贴图应用于"漫反射"贴图通道中的塑料吸管材质，算是较易观察其内在原理的典型代表之一（如图S-52所示）。

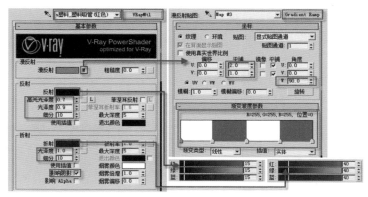

图S-52　塑料吸管材质调整及渲染效果

※ 小贴士：应用于"漫反射"通道中的渐变坡度，其中渐变色彩是代表吸管材质表面红白相间的条纹直接设置选项，其色彩渐变方向角度及宽度应与吸管外观保持一致。

案例总结及目的：

　　"渐变坡度"贴图是本例凹纹瓜材质的学习重点，但并不意味着其他程序贴图并无意义，其中"混合"与多重"噪波"贴图同样也是辅助塑造材质表面立体质感不可或缺的先决条件，通过多重程序相互叠加，进而达到真正巧用材质替代模型制作的目的。

Materiat

070

S-C-Z ●◆★

橙子材质

| 材质用途：陈设品装饰 | 扩展材质：细胞橙子材质 |

材质参数要点：●VR贴图　●噪波贴图
●细胞贴图　●混合贴图

材质分析：

　　橙子是一种柑果，是由柚与橘杂交混合的品种，果实为圆形或长圆形，上下稍扁平，油胞凸起，表面滑泽，未成熟前青色，成熟后变为橙黄色，不仅果肉酸甜营养、富有香气，而且还具有极高的医药价值。制作此材质的方式也是各具特色，其中不仅噪波、细胞乃至位图贴图等方法都可用于制作形式各异的橙子材质（如图S-53所示）。

图S-53　橙子材质渲染效果

材质参数设置：

　　基本参数： 将材质保持在Standard材质的前提下，调整相应参数（如图S-54所示）。

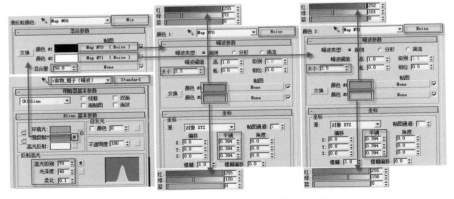

图S-54　噪波橙子材质"基本参数"卷展栏

※ 小贴士：将不同的橙色利用程序"噪波"贴图，添加一定的混合量便可形成表面色彩逼真的微变效果，要注意其噪波坐标平铺量设置，始终要以模型实体比例为基准。

　　贴图参数：分别设置不同贴图通道的相应贴图，并调整其通道参数（如图S-55所示）。

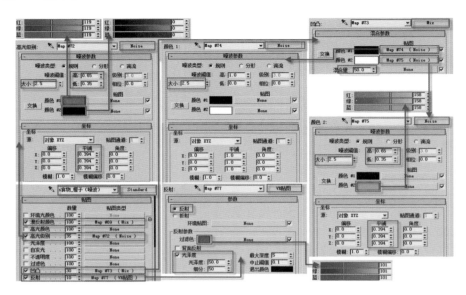

图S-55　噪波橙子材质"贴图"卷展栏

※ 小贴士："VR贴图"是VRay渲染器在3ds Max标准材质中模拟材质反射与折射效果的最佳调整方式，无论其设置方法还是最终渲染效果都与VRayMtl材质基本参数设置相差无几。其中，反射参数同样也是主要通过过滤色块来设置其反射强度，颜色愈浅代表其反射强度愈强，光泽度参数也要与3ds Max标准材质的反射高光参数相统一。

参数解密：

　　顾名思义，此噪波橙子材质其制作重点必是其"噪波"贴图。为了使噪波颗粒更为自然，所以采用"混合"贴图作为通道，使不同形式的噪波颗粒相互叠加，进而形成层次多变的橙子材质（如图S-56所示）。

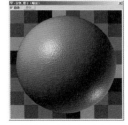

图S-56　噪波橙子材质示例球显示效果

细胞贴图与噪波贴图同样归属于3ds Max的3D程序贴图, 其外观都是通过控制大小不一的斑点进而将其应用于不同的材质通道中, 以呈现出斑点颗粒质感。所以, 此细胞贴图同样也可应用于橙子材质的编辑程序中, 由于设置肌理的细节较为夸张, 所以往往更适用于表达较大颗粒质感的柚柑, 但即便如此, 其表面的细胞平铺大小也要与模型比例统一 (如图S-57所示) 。

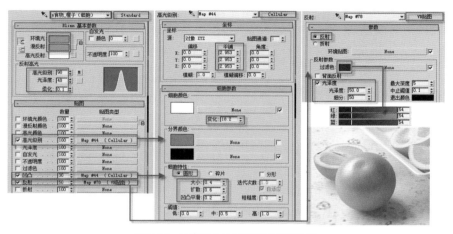

图S-57 细胞橙子材质调整及渲染效果

※ 小贴士: "VR贴图"同样要结合凹凸立体贴图及高光级别设置, 以逼真模拟橙子材质在灯光环境照射下的立体形态。

案例总结及目的:

通过学习两种橙子材质的制作方法, 从中应理解凹凸通道应用多种3D程序贴图的设置原理, 同时还要结合3ds Max标准材质需求为其配置出合乎反射效应的"VR贴图", 以最终实现科学模拟橙子表面细微凹凸变化的目的。

Materiat

071
S-Y-T

樱桃材质

材质用途：陈设品装饰 | **扩展材质：香蕉材质**

材质参数要点： ●衰减贴图 ●烟雾贴图

材质分析：

樱桃属于蔷薇科，成熟时颜色鲜红，玲珑剔透，味美形娇，营养丰富，医疗保健价值颇高。制作此材质的要点，是利用"衰减"贴图在兼顾真实反射的效果的同时，凸显果实表面红中微紫的细节变化。此种变化的微妙之处，也正是印证"烟雾"贴图非比寻常的魅力所在（如图S-58所示）。

材质参数设置：

基本参数：在设置为VRayMtl材质的前提下，调整相应基本参数（如图S-59所示）。

图S-58　樱桃材质渲染效果

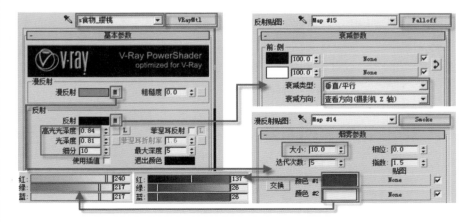

图S-59　樱桃材质"基本参数"卷展栏

参数解密：

利用"烟雾"贴图中两种预设的颜色作为樱桃材质的固有色，主要模拟果实表面果肉分布的细胞变化，但注意其中烟雾"大小"数值，切勿过低，以免失去表面光洁的反射特性（如图S-60所示）。

图S-60　樱桃材质示例球显示效果

应用扩展：香蕉材质

把"烟雾"贴图应用在"凹凸"通道中，可以用于模拟材质表面的起伏不平食物颗粒质感，香蕉材质便是最为典型的范例。但注意每样赋予该"烟雾"贴图材质的模型应确保添加相应尺寸及类型的"UVW贴图"，进而才能将其"烟雾"纹理准确显示（如图S-61所示）。

图S-61　香蕉材质的调整及渲染效果

案例总结及目的：

本例通过讲解樱桃材质的制作方法，从不同通道的设置角度加深了对"烟雾"贴图的认识，无论漫反射还是凹凸通道，设置此贴图都应把其纹理显示的大小规格置于首位，这样才能满足利用"烟雾"贴图的内在纹理模拟材质表面多层次细节变化的需求。

072

S-N

柠檬材质

| 材质用途：陈设品装饰 | 扩展材质：哑光漆木纹材质 |

材质参数要点：●漫反射通道贴图 ●凹凸通道贴图
●高光光泽通道贴图

材质分析：

柠檬果实表面为黄色有光泽，呈椭圆形或倒卵形，顶部有乳头状突起，油胞大而明显凹入。该材质和许多水果一样，都可以使用位图贴图与程序贴图等多种方法加以模拟。但综合比较而言，还是使用位图的形式所塑造的柠檬材质更为逼真，巧用贴图不仅可以编辑出柠檬皮表面凹凸质感，一切为二的柠檬截面更是此种方法的杰作（如图S-62所示）。

图S-62　柠檬材质渲染效果

材质参数设置：

基本参数： 在设置为VRayMtl材质的前提下，调整相应基本参数（如图S-63所示）。

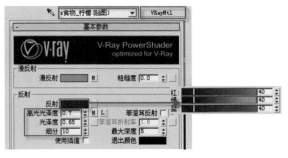

图S-63　柠檬材质"基本参数"卷展栏

贴图参数： 分别设置不同贴图通道的相应位图贴图，注意其贴图参数设置（如图S-64所示）。

参数解密：

　　利用形式与图案层次多变的位图贴图来制作柠檬材质，那么相应不同肌理纹样的贴图在整体材质编辑过程中，便是主宰材质最终展现效果的核心。其中不同通道的参数设置至关重要，如凹凸通道不宜过高（如图S-65所示）。

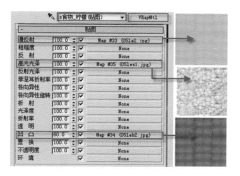

图S-64　柠檬材质"贴图"卷展栏　　　　图S-65　柠檬材质示例球显示效果

应用扩展：哑光漆木纹材质

　　利用多种形式近似的位图贴图，叠加于不同的通道中，此种调整材质的方式还可应用在更多的领域，如制作哑光漆木纹材质、香肠材质、平纹瓜材质等（如图S-66所示）。

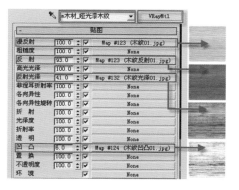

图S-66　哑光漆木纹材质的"贴图"参数调整及渲染效果

案例总结及目的：

　　本例通过学习柠檬材质的制作方法，重点总结位图贴图应用于不同贴图通道的贴图设置意义，巧妙利用对比度参差不齐的位图进一步控制通道选项，实现真正掌握材质最终渲染结果的目的。

073

S-B
● ◆ ★

下载：\源文件\材质\S\073

菠萝材质

| 材质用途：陈设品装饰 | 扩展材质：模拟藤条材质 |

材质参数要点：●凹凸贴图　●置换修改器　●置换贴图

材质分析：

　　菠萝原名凤梨，略呈倒圆锥形，肉质细腻水分充足，但其外皮极为粗糙。所以决定准确塑造该材质的关键前提条件是要重点抓住其表皮外观起伏凹凸的特点。塑造这样大规模的凹凸变化材质，只是利用简单的贴图设置来弥补其外观的立体变化是远远不够的，所以在此基础上，为其增加必要的置换修改器及置换贴图是必需的（如图S-67所示）。

图S-67　菠萝材质渲染效果

材质参数设置：

　　基本参数： 将材质设置为VRayMtl材质，调整相应基本参数（如图S-68所示）。

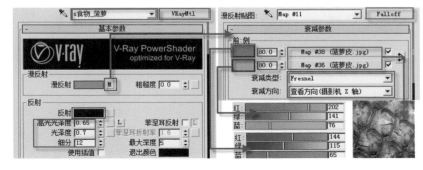

图S-68　菠萝材质"基本参数"卷展栏

※ 小贴士：巧用Fresnel类型的衰减贴图作为输出通道，可以有效地将菠萝外观材质与调整好的色彩变化有机组合，进而促使其外观形态更为真实。

　　贴图参数：分别设置"凹凸"、"置换"贴图通道的相应位图贴图，注意其贴图参数设置（如图S-64所示）。

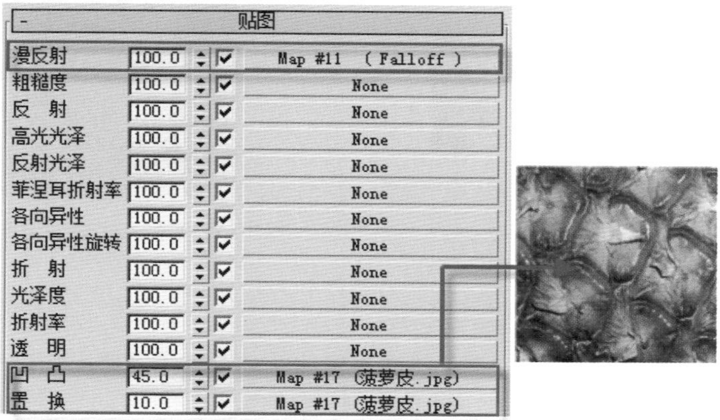

图S-69　菠萝材质"贴图"卷展栏

※ 小贴士：其"凹凸"及"置换"贴图虽然所用位图完全一样，但各贴图通道的设置参数却有所差别。但切忌一味追求立体质感，而盲目加大参数设置，以免影响渲染速度。同时，为了更为真实地表达出模拟菠萝材质，应结合其外观造型对模型添加对应的"UVW贴图"。

　　置换参数：为菠萝模型添加"VRay置换模式"修改命令，同时调整置换纹理贴图及参数（如图S-70所示）。

※ 小贴士：物体凹凸贴图产生的凹凸效果其光影的方向角度是不会改变的，而且不可能产生物理上的起伏效果，所以在表达凹凸起伏较为夸张的物体时，使用"置换贴图"或"VRay置换模式"是治本之举。

参数解密：

　　毋庸置疑，菠萝材质表面凸显的凹凸质感是逼真模拟材质的关键，结合实体观察角度可分别选择"VRay置换模式"、"置换贴图"以及"凹凸贴图"进行深入表现，但置换参数不宜过高，以免影响整体渲染速度，尤其针对"VRay置换模式"中3D贴图的相关参数（如图S-71所示）。

图S-70　菠萝模型置换参数

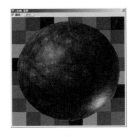

图S-71　菠萝材质示例球显示效果

应用扩展：模拟藤条材质

此种为模型添加"VRay置换模式"修改命令及赋予"置换"与"凹凸"贴图的设置方法，也是近景写真模拟藤条材质的绝佳手段。必要条件下，为提高渲染速度可根据具体观察角度及模型与材质的复杂度，将多种设置方式任意重组，取其精华（如图S-72所示）。

图S-72　模拟藤条材质的调整及渲染效果

案例总结及目的：

通过学习菠萝材质的编辑方法，再次明确凹凸贴图与置换贴图的本质区别，要求读者能够结合实际观察角度的需要，在确保质速兼备的基础上，真正了解"凹凸贴图"、"置换贴图"及"置换修改器"三者真正的应用目的。

Materiat

074

S-J

● ◆ ★

鸡蛋材质

| 材质用途：陈设品装饰 | 扩展材质：细胞柠檬材质 |

材质参数要点：●漫反射通道贴图　●凹凸通道贴图
●高光光泽通道贴图

材质分析：

　　具有丰富营养价值的鸡蛋，其外观匀称光滑的曲线是魅力所在。由于其品种的差别，其外部颜色大体上可分为白色、浅肉色以及深肉色。蛋壳表面具有细微颗粒斑点，在环境光照的影响下，会形成略带朦胧质感的反射高光。其中利用"细胞"贴图中多重颜色相互叠加的原理，是模拟此种材质极为有效的手段（如图S-73所示）。

图S-73　鸡蛋材质渲染效果

材质参数设置：

　　基本参数： 在设置为VRayMtl材质的前提下，调整相关参数（如图S-74所示）。

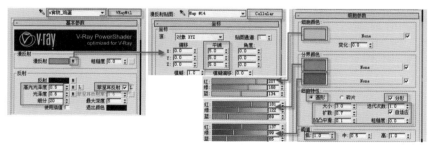

图S-74　鸡蛋材质"基本参数"卷展栏

　　贴图参数： 分别设置不同贴图通道的相应位图贴图，注意其贴图参数设置（如图S-75所示）。

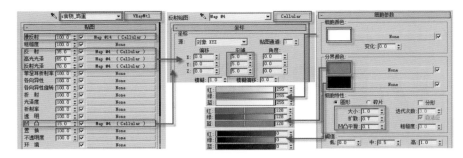

图S-75 鸡蛋材质"贴图"卷展栏

"细胞"贴图的"平铺"及"大小"等参数都是设置细胞表面的关键参数，其数值变化会直接影响蛋壳表面的颗粒变化。同时，每个细胞贴图的各层颜色更是需要在细节之处精细调整，以确保能够更为真实地表达蛋壳表面细腻柔和的光感（如图S-76所示）。

图S-76 鸡蛋材质示例球显示效果

应用扩展：细胞柠檬材质

实际上，柠檬材质不仅可以使用贴图形式加以刻画模拟，它也与橙子材质类同。使用本例中所讲述的"细胞"贴图，可塑造出表面略带肌理变化的柠檬材质（如图S-77所示）。

图S-77 细胞柠檬材质的"贴图"参数调整及渲染效果

案例总结及目的：

本例通过学习鸡蛋材质的制作方法，从中重点总结"细胞"贴图的应用技巧，利用不同层次的细胞颜色模拟出蛋壳表面起伏不平的细节变化，以最终实现巧用此程序贴图替代位图甚至模型创建的目的。

Material

075

S-P-T

● ◆ ★

葡萄材质

材质用途：陈设品装饰 | 扩展材质：冰块材质

材质参数要点：●混合材质 ●噪波贴图
●衰减贴图 ●烟雾贴图

材质分析：

葡萄表面不仅具有细小的斑霜特征，而且其半透明的剔透质感更是此材质表现的重点。其中利用"噪波"贴图是有效模拟葡萄表皮内部不均匀脉络分布的最佳方法，同时结合"混合"及"衰减"贴图还可以将多重色彩的细微变化表现得更加逼真（如图S-78所示）。

图S-78 葡萄材质渲染效果

材质参数设置：

基本参数：将材质设置为Blend材质的前提下，调整相关参数（如图S-79所示）。

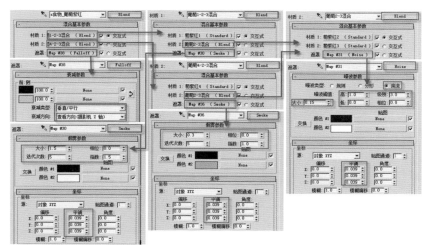

图S-79 葡萄材质"混合基本参数"卷展栏

※ 小贴士：此材质看似设置方法较为复杂，实际上是巧妙使用多重"混合"材质及"衰减"、"噪波"、"烟雾"贴图相互叠加于"遮罩"、"漫反射"、"自发光"乃至"凹凸"通道中，但最终成就此材质的关键还是色彩层次丰富多变的4个子材质。

葡萄1基本参数：在保持Standard材质的基础上，设置不同贴图通道的相应贴图及参数（如图S-80所示）。

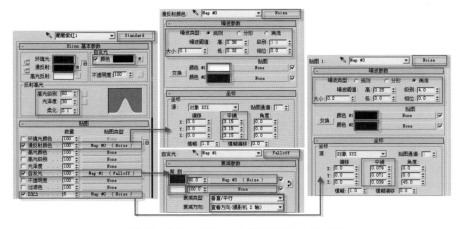

图S-80 葡萄1材质"基本参数及贴图"卷展栏

葡萄2基本参数：在保持Standard材质的基础上，设置不同贴图通道的相应贴图及参数（如图S-81所示）。

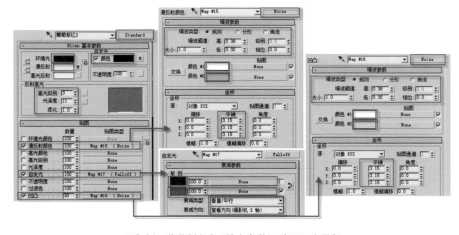

图S-81 葡萄2材质"基本参数及贴图"卷展栏

葡萄3基本参数：在保持Standard材质的基础上，设置不同贴图通道的相应贴图及参数（如图S-82所示）。

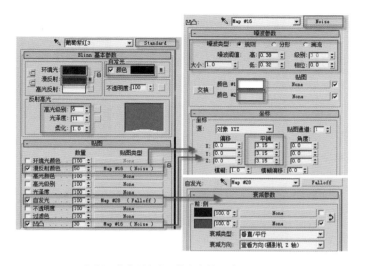

图S-82　葡萄3材质"基本参数及贴图"卷展栏

　　葡萄4基本参数：在保持Standard材质的基础上，设置不同贴图通道的相应贴图及参数（如图S-83所示）。

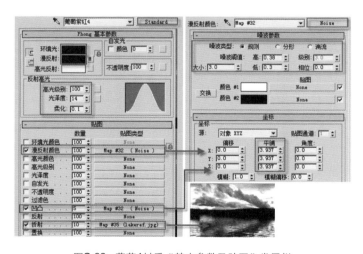

图S-83　葡萄4材质"基本参数及贴图"卷展栏

※ 小贴士：将调整好的葡萄1～4号材质，分别复制到相应的混合材质通道中，由于篇幅关系其相应的材质色彩参数请参见随书附赠下载资料中的电子文件。

参数解密:

其中,"烟雾"及"噪波"贴图能够生成随机的不规则图案,这是制作葡萄材质表皮色彩斑痕的关键,同时应用于"不透明度"通道中的"衰减"贴图可以有效促使将材质表面渲染出葡萄材质独具半透质感的特效(如图S-84所示)。

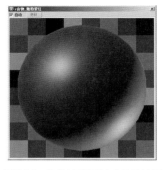

图S-84 葡萄材质示例球显示效果

应用扩展:冰块材质

虽然制作此葡萄材质相关的设置要点较为复杂,但是其中出现频率最多的就是"噪波"贴图,也正是此贴图才能塑造出材质表面色彩斑斓及细微颗粒细节的变化层次。同样将贴图设置到凹凸通道中,只不过适度增大其"噪波"大小及凹凸参数,那么冰块材质随即完美展现(如图S-85所示)。

图S-85 冰块材质的调整及渲染效果

案例总结及目的:

本例通过讲解葡萄材质的制作方法,综合"混合"材质与"噪波"、"衰减"及"烟雾"贴图的多重制作技巧,从中重点突出"噪波"与"烟雾"贴图的大小参数,以最终实现精确塑造外观半透明且具有肌理脉络纹理材质的目的。

076

S-S-C

● ◆ ★

下载: \源文件\材质\S\076

蔬菜材质

| 材质用途: 陈设品装饰 | 扩展材质: 立体装饰画材质 |

材质参数要点: ●凹凸通道 ●凹凸贴图

材质分析:

蔬菜材质的种类繁多,绝对不亚于水果材质,而且二者的材质制作原理也是较为相似的。在兼顾外部光照效应的基础上,其主要的制作细节便是运用凹凸贴图的立体制作原理,凸显各种蔬菜表面的纹理变化(如图S-86所示)。

图S-86 蔬菜材质渲染效果

材质参数设置:

基本参数: 在设置为VRayMtl材质的前提下,突出反射参数细节(如图S-87所示)。

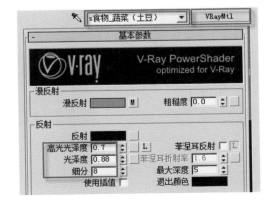

图S-87 土豆材质"基本参数"卷展栏

贴图参数：添加"漫反射"及"凹凸"通道的相应位图贴图（如图S-88所示）。

运用对比度分明的黑白贴图作为凹凸遮罩模板，可以有效促使其表面的反射与立体凹凸变化更为真实，但要注意应结合模型外部光效对凹凸参数设置加以斟酌考虑（如图S-89所示）。

图S-88　土豆材质"贴图"卷展栏　　　图S-89　土豆材质示例球显示效果

同样是利用黑白贴图作为凹凸贴图，这是模拟许多凹凸质感材质的最佳手段，如立体装饰、矿棉板等这些表面凹凸细节较难制作的模型，其材质都是使用此种设置方法的杰作（如图S-90所示）。

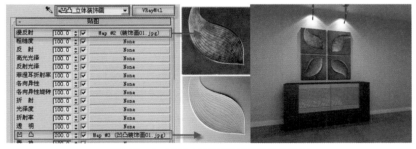

图S-90　立体装饰画材质的调整及渲染效果

本例通过学习土豆材质的制作方法，从中深入领悟凹凸通道及贴图的设置原理，运用它可以巧妙地生成材质细节的三维立体纹理，这也正是其他诸多食物材质制作的主要手段，以此达到尽量减少面型提高渲染速度的目的。

Materiat

077

S-G
● ◆ ★

罐头材质

| 材质用途：陈设品装饰 | 扩展材质：黄铜材质 |

材质参数要点：●高光光泽度　●反射光泽度
●双向反射分布函数

材质分析：

罐头材质从物理形式上划分虽归属于食物材质，但从材质的编辑属性上看其材质属性可规划为金属材质。其表面为完全密封的铝制品，具有长期贮存食品的功效。表现该材质其编辑重点是通过光照及周边环境对其强烈的影响，所体现出朦胧反射的金属特性（如图S-91所示）。

图S-91　罐头材质渲染效果

材质参数设置：

基本参数：将材质属性更换为VRayMtl材质，调整相关基本参数（如图S-92所示）。

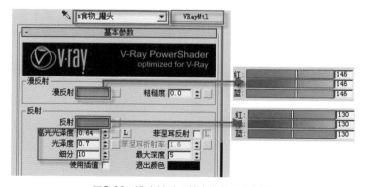

图S-92　罐头材质"基本参数"卷展栏

双向反射分布函数：结合反射形式，调整其高光影响范围（如图S-93所示）。

该罐头表面的铝制材质渲染的关键是其VRayMtl材质的反射参数，降低"高光光泽度"与"反射光泽度"可以让此金属材质表面略带颗粒的磨砂反射效果更为逼真。同时，将双向反射分布函数的反射形式更改为"沃德"形式，也是为更加凸显其反射高光的对比效应（如图S-94所示）。

图S-93 罐头材质"双向反射分布函数"卷展栏 　　图S-94 罐头材质示例球显示效果

应用扩展：黄铜材质

除去其"漫反射"及"反射"色块的设置区别以外，黄铜材质与此罐头材质的制作技巧基本相同。其反射参数设置可根据具体外部环境效应适度微调（如图S-95所示）。

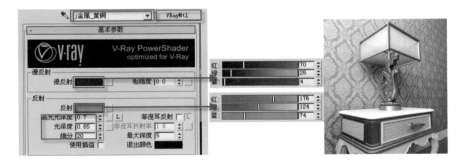

图S-95 黄铜材质的调整及渲染效果

案例总结及目的：

本例所讲述的罐头材质，其制作原理源自金属材质，其中利用双向反射分布函数的反射形式可以有效控制其铝制品表面的反射效应，进而实现巧妙利用VRayMtl中的反射参数准确调控罐头材质金属反射特性的目的。

S

塑料材质 ——————078-081

　　人们俗称的塑料或树脂，是合成的高分子化合物，又称为高分子或巨分子。此种材质耐用、防水、质量较轻，其外观无论是色彩或造型都相对更为自由，不仅可以呈现出完全透明或部分半透明外观质地，而且通过不同的加工方法还能够被轻松地创意造型。同时，结合不同的光照特性，进而凸显出塑料材质不同硬度的内在质地。此外，塑料材质不只是局限于此，无论是在制作材质还是现实生活中，此种材质随着装饰材料的更新，已被逐渐延展到室内空间中更多与塑料质感相关的材质领域，如塑料家具、装饰配件甚至塑钢门窗等。

序　号	字母编号	知识等级	用　途	常用材质	扩展材质
078	S-P-L	●	陈设品装饰	普通亮面硬塑料材质	普通哑光软塑料材质
079	S-C-T	●	陈设品装饰	彩色透明塑料材质	磨砂玻璃材质
080	S-S-M	◆	家具装饰	塑钢门窗材质	普通塑料材质
081	S-S-X	◆	陈设品装饰	塑料吸管材质	普通蜡烛材质

078 普通亮面硬塑料材质

S-P-L

材质用途：陈设品装饰 | 扩展材质：普通哑光软塑料材质

材质参数要点： ●高光光泽度 ●光泽度 ●衰减贴图

材质分析：

塑料材质根据表面质感可分为亮面硬塑料及哑光软塑料材质。亮面硬塑料材质相对表面较为光滑，反射效果较哑光软塑料材质而言也更为清晰。所以，此类材质的调整应重点注意反射参数的设置，结合不同的塑料质地，运用光照效应，给予材质细腻的反射质感，必要情况下可根据场景具体需求，为其选择相应的高动态范围贴图VRayHGRI（如图S-96所示）。

图S-96 亮面硬塑料材质渲染效果

材质参数设置：

基本参数：将材质设置为VRayMtl材质，调整相应基本参数（如图S-97所示）。

图S-97 亮面硬塑料材质"基本参数"卷展栏

参数解密：

使用衰减贴图来模拟塑料反射表面的光影变化，可以更为深入地表达出物体边缘处微弱的反射特效，其中表现的秘籍便是反射贴图中的衰减颜色，将其设置为较为灰暗的重色可以有效地降低反射视效。同时加大反射"光泽度"便可清晰地将周边物体或高动态范围贴图，反射到亮面硬塑物体之上（如图S-98所示）。

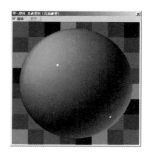

图S-98　亮面硬塑料材质示例球显示效果

※ 小贴士：反射特效实际上也是考证物体本身与周边环境关系的有力证明，其中为凸显塑料材质的反射质感，可结合场景环境要求，为其搭建适度的高动态范围贴图VRayHGRI平台，进而加强材质内在的反射特性。

应用扩展：普通哑光软塑料材质

哑光软塑料与亮面硬塑料材质的制作原理是一样的，都是通过添加衰减贴图增进材质表面的反射效应，但是为了凸显软塑料材质的哑光特性，应结合衰减颜色适度降低反射"光泽度"及"高光光泽度"，以削弱相应的反射效果，从而达到塑造表面朦胧反射质感的目的（如图S-99所示）。

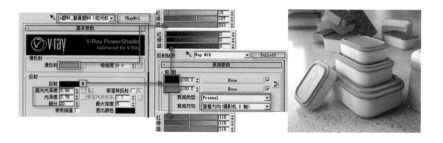

图S-99　哑光软塑料材质的调整及渲染效果

案例总结及目的：

通过学习塑料材质的制作方法，进一步加深了对物体反射特性的了解，对反射参数设置应上升至理性认识阶段，同时结合环境效果最终塑造出质感逼真的亮面硬塑料及哑光软塑料材质。

Materiat

079

S-C-T

下载：\源文件\材质\S\079

彩色透明塑料材质

材质用途：陈设品装饰	扩展材质：磨砂玻璃材质

材质参数要点：●反射及折射的光泽度
●漫反射颜色 ●烟雾颜色

材质分析：

彩色透明塑料材质最大的特点就是不仅具有一定的透光性，而且兼顾自身丰富的色彩变化。所以此种材质的编辑要点便通过材质折射度及反射烟雾色设置，结合相应的光照效应，来体现其内在的彩色透明质感变化。但在制作的过程中，要结合光影细节，具体强调塑料材质所独具的反射魅力（如图S-100所示）。

图S-100 彩色透明塑料材质渲染效果

材质参数设置：

基本参数：设置为VRayMtl材质，调整相应基本参数（如图S-101所示）。

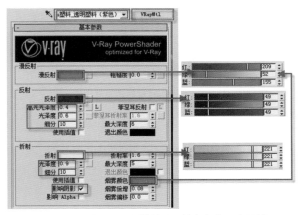

图S-101 彩色透明塑料材质"基本参数"卷展栏

彩色透明塑料材质形成的关键设置选项是"基本参数"卷展栏中不同色块设置选项,其中"漫反射"、"烟雾颜色"是色彩设置的关键,相应"反射"与"折射"区域是造就透明塑料内在质感的核心。同时,还应适当降低整体的光泽度参数,才能模拟出更为真实的塑料质感(如图S-102所示)。

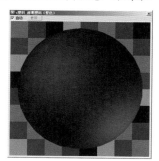

图S-102　彩色透明塑料材质示例球显示效果

应用扩展:磨砂玻璃材质

彩色透明塑料材质与玻璃材质都具有透光特性,所以二者也都是运用折射特性进行模拟的,但是由于材质固有属性存在差异,还需根据光照针对个体变化,对"反射"及"折射"的光泽度参数进行深入调整(如图S-103所示)。

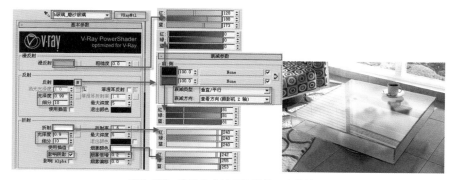

图S-103　磨砂玻璃材质的调整及渲染效果

案例总结及目的:

通过学习彩色透明塑料材质的制作方法,使读者进一步掌握VRayMtl材质各区域色块对整体材质的影响作用,从理性角度理解设置"烟雾颜色"选项的重要意义,结合光照反射质感进而达到逼真模拟此类材质的目的。

080

S-S-M

塑钢门窗材质

材质用途：家具装饰 | 扩展材质：普通塑料材质

材质参数要点：●高光光泽度 ●反射光泽度 ●输出贴图

材质分析：

塑钢门窗是以聚氯乙烯树脂为主要原料，经过一定的化学加工处理而挤出成门窗框扇型材。此种材料以其特有的密闭性、抗风性及保温和隔音性能独占鳌头。其外观与塑料材质的质感极为相似，多数以白色为主，表面光滑且具有微弱的反射质感。所以，该材质的调整也同样要重点把握相关反射参数的设置选项，以凸显其边缘处的细节变化（如图S-104所示）。

图S-104 塑钢门窗材质渲染效果

材质参数设置：

贴图参数：在设置为VRayMtl材质的前提下，调整反射参数（如图S-105所示）。

图S-105 塑钢门窗材质"基本参数"卷展栏

参数解密：

表现此材质光亮白色的质感可以通过在调整好其固有色的基础上为其添加"输出（Output）"贴图，同时提高输出量，所以此处的输出量设置为"1.2"，此外还应结合相应的光照效果适度调节材质的高光光泽度和反射光泽度，从而增进整体效果的真实度（如图S-106所示）。

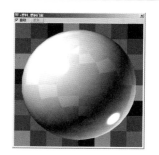

图S-106 塑钢门窗材质示例球显示效果

应用扩展：普通塑料材质

调节"高光光泽度"和"反射光泽度"是塑造该材质表面反射特性的关键，但该方法不局限于此，还可以将其引申至很多的材质制作领域，多数都是反射特性需要突出显示的材质，如塑料材质、金属材质等（如图S-107所示）。

图S-107 普通塑料材质的调整及渲染效果

案例总结及目的：

本例通过学习塑钢门窗的制作方法，使学生对材质反射特性加深了解，同时再次强调"输出"贴图对物体白色外观不可忽视的作用，从而举一反三达到巩固了塑性材质制作方法的目的。

Material

081

S-S-X

塑料吸管材质

材质用途：陈设品装饰	扩展材质：普通蜡烛材质

材质参数要点：●渐变坡度　●反射参数　●折射参数

材质分析：

吸管，呈圆柱状，是中空的塑胶制品，作为日常生活用品，极为普遍。该材质的固有属性为塑料材质，所以其调整的反射效果可参见普通的塑料制品，但由于绝大部分的塑料吸管材质独具条纹外观特点，所以在调整时可结合3ds Max中2D贴图，进而塑造出外观形态更为逼真的吸管材质（如图S-108所示）。

材质参数设置：

基本参数：在设置为VRayMtl材质的前提下，调整反射参数（如图S-109所示）。

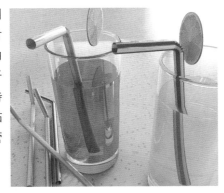

图S-108　塑料吸管材质渲染效果

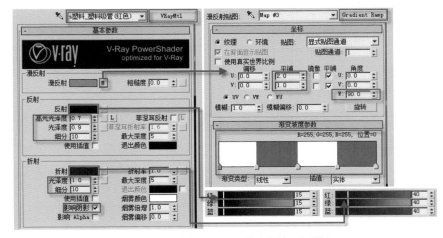

图S-109　塑料吸管材质"基本参数"卷展栏

2D贴图的"渐变坡度"程序贴图是模拟塑料吸管材质最为科学的设置方法，因此，此调整细节也是该材质的制作核心。在调整好"渐变坡度"颜色设置基础上，还不能忽视其坐标平铺参数及方向参数，所以在此将其坐标的W数值设为"90"（如图S-110所示）。

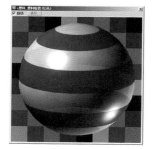

图S-110　塑料吸管材质示例球显示效果

同样使用"渐变坡度"程序贴图的方法，应用于其他的贴图通道中，便可以表现出更为丰富的渲染效果，进而形成普通蜡烛、火焰等材质。在"渐变坡度"程序贴图的细节参数调整原理上，它们都是协调统一的（如图S-111所示）。

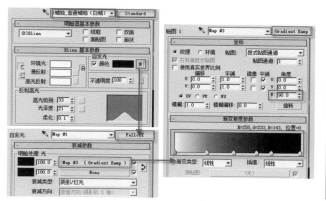

图S-111　普通蜡烛材质的局部参数调整及渲染效果

本例主要学习了运用"渐变坡度"程序贴图来制作塑料吸管材质的方法，从中重点把握渐变坡度坐标平铺参数及方向参数的调整技巧，使读者深入领会利用"渐变坡度"程序贴图所塑造出的材质纹理对节约模型面片数量的意义，继而达到兼顾提高渲染速度的目的。

S

篇后点睛（S）

——石材材质、食物材质、塑料材质

下载：\源文件\S\篇后点睛（S）——石材材质、食物材质、塑料材质

材质总结：

石材材质 广范应用于室内效果图中，主要源自该材质在装饰市场中的被认知度。其制作方法与瓷砖材质类似，但随着材质表面形式变化的多样性，其制作类型相对也更为丰富些，如3d程序贴图及置换贴图的引用等。另外，食物材质和塑料材质看似并不常见，但综合性的制作方法多数还是集中在反射及凹凸变化的核心环节上，但有一部分需使用制作技能更为精湛的多层次叠加材质，如：葡萄、樱桃等材质（如图S-112所示）。

图S-112　石材、食物、塑料材质渲染效果

材质难点：

形式多样的石材材质其制作表现的方法，并不是单纯依靠普通位图贴图加以模拟，尤其在外部条件欠缺的情况下，借助不同类型的3D程序贴图加以协调，才是更为理想的选择。虽说只是微观的调整，但最终所呈现的细节变化却足以让人为其惊叹，因此可算是此类材质的难点制作环节。如：倘若色彩适宜的拼花石材贴图缺失，为塑造层次多变的拼花，用"混合"材质（Blend）或"混合"贴图（Mix）都是不错的选择，二者虽同样译文为"混合"，但由于所属于不同的管辖领域，因此在材质属性细节上略有差别。其中，"混合"材质（Blend）是将两种不同属性的材质进行混合，可以塑造出两种不同质地的混合材质效果，如略带反射仿银金属与毫无反射绒布的布料材质（如图S-113所示）；而"混合"贴图（mix）则更适用于只有一种属性的材质（如图S-114所示）。后者仅从制作面板上便可获知其调整步骤远易于前者，如不追求过多的材质属性变化，权衡利弊，此种设置方法则更为科学（如图S-115所示）。

图S-113　双色镶银布料材质渲染效果　　　图S-114　混合贴图拼花石材材质渲染效果

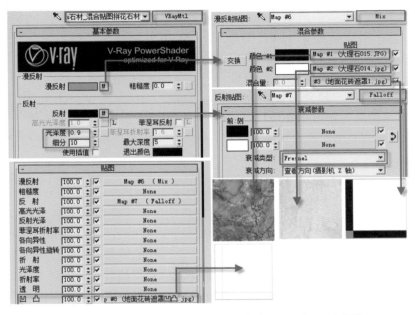

图S-115　混合贴图拼花石材材质"基本参数"和"贴图"卷展栏

其中，"混合"贴图（mix）的混合量贴图，如将其遮罩位图部分的区域设置为灰色，那么此区域的最终效果则也相应为黑色与白色区域位图贴图的混合形式。

另外，制作更为复杂的葡萄材质，实际上它所采用的"混合"材质（Blend）原理，同样也是取自于此（如图S-116所示）。

图S-116　葡萄材质"混合基本参数"卷展栏及渲染效果

石材材质在日常的生活中随处可见。实际上，多数情况下，简单的位图贴图便可以满足多数石材材质的制作需求。无论是近景观察的洞石壁炉，还是大面积干挂的理石墙面，只要巧用简易位图贴图便可呈现出近似逼真效果的杰出代表（如图S-117和图S-118所示）。

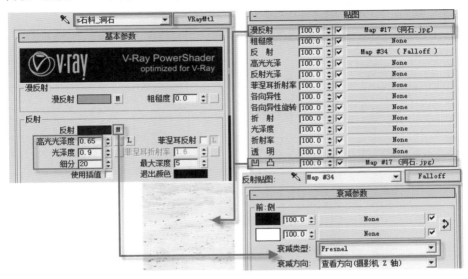

图S-117　洞石材质"基本参数"及"贴图"卷展栏

图S-118　洞石壁炉及干挂石材墙面渲染效果

核心技巧：

实际上，运用VRay渲染器表现材质，其核心的制作技巧都集中在反射和折射细节上。对于具有透明质感的玉石和透明塑料材质也是如此，虽然两者的表面质地完全不同，但是透明特效却是它们毋庸置疑的共性。表现此种特征，切记不能忽视反射及折射的细节参数设置，尤其是"折射率"数值不易过高，因为这是该材质区别于玻璃材质折射效果最为关键的核心技巧（如图S-119和图S-120所示）。

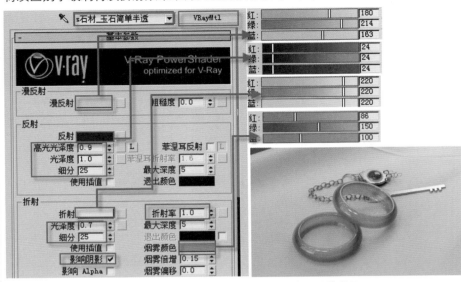

图S-119　玉石材质"基本参数"卷展栏及渲染效果

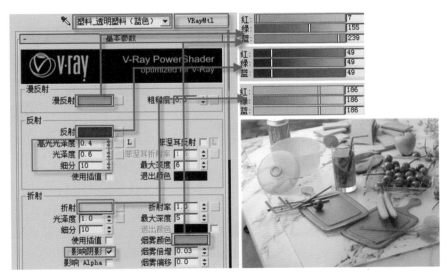

图S-120　透明塑料材质"基本参数"卷展栏及渲染效果

技术优势：

　　同样也是结合部分应用程序贴图，深入挖掘各类贴图不同的技术优势，便会随之构成形式更为丰富的材质类型。巧用"渐变坡度"程序贴图,可以有效地模拟塑料吸管的色彩间隔效果;"烟雾"贴图应用于不同的贴图通道对于樱桃及香蕉等一系列追求表面微变效果的材质,同样也是至关重要的(如图S-121所示)。

图S-121　塑料及水果材质渲染效果

综上所述,石材、食物、塑料三类材质算是诸多制作复杂的材质中使用3d程序贴图较为常见的材质,但也正是这稍显多变的制作细节,才能铸造出最终效果极为真实的各类材质。

T——陶瓷材质
T——藤条材质

陶瓷材质

　　陶瓷是陶器和瓷器的总称，早在公元前的新石器时代，中国人就发明了陶器；而瓷器则是更具有代表性的中国元素，仅从其英文解释中便可看出，瓷器不仅是中国的代名词，更是象征中国传统文化的直接产物。陶瓷是以黏土为主要原料以及各种天然矿物经过粉碎混炼、成型和煅烧制而成的材质。

　　从其外观角度分析制作此类材质，大体上可将其分为亮釉陶瓷材质与磨砂陶瓷材质两大类。陶瓷材质编辑的关键在于突出表现不同形式的反射及高光，进而由此来区别二者在光照影响下与周边环境的内在联系。最终结合场景中的实际效果，将其渲染成整体空间中浑然一体的组成部分。

序　号	字母编号	知识等级	用　途	常用材质	扩展材质
082	T-L	◆	陈设品装饰	亮釉陶瓷材质	白色乳胶漆材质
083	T-M-S	●	陈设品装饰	磨砂陶瓷材质	单色绒布材质

082

T-L

⚫ ◆ ★

下载：源文件\材质\T\082

亮釉陶瓷材质

材质用途：陈设品装饰 | 扩展材质：白色乳胶漆材质

材质参数要点：●高光光泽度 ●光泽度 ●输出贴图

材质分析：

亮釉陶瓷材质由于其表面附有较为细腻的亮面光釉，所以其渲染的重点便是要突出表现其外在的光滑质感。而且对于一些浅色的亮釉陶瓷材质而言，其瓷质外观的剔透色彩也是需要强调的另一个要点，即使是带有部分图案的青花瓷，也是如此。在必要情况下，可通过输出贴图，为整体瓷质表面增加一些"美白"效果（如图T-1所示）。

图T-1 亮釉陶瓷材质渲染效果

材质参数设置：

基本参数：将材质设置为VRayMtl材质，调整相应基本参数（如图T-2所示）。

图T-2 亮釉陶瓷材质"基本参数"卷展栏

278

参数解密:

　　通过调整反射参数来强化亮釉陶瓷的表面特性，必将是其内部光照细节体现的亮点。但是对于此例中，以浅色为主的青花亮釉陶瓷，还需在其原有的基础上，适度为其添加"输出"贴图，以增添表面光亮的"美白"质感（如图T-3所示）。

图T-3　亮釉陶瓷材质示例球显示效果

※ 小贴士："输出"贴图中主要依靠"输出贴图"及"输出量"来塑造其具体的输出效果，"输出量"参数应参照贴图表面纹饰来定义其具体力度。

应用扩展：白色乳胶漆材质

　　亮釉陶瓷材质与白色乳胶漆材质虽然二者的固有属性不同，但是由于白色固有色为其并存的共性，所以"输出"贴图也是二者毋庸置疑的共同特征。倘若将此命令灵活应用，还可以为更多的浅色材质提升表面亮度（如图T-4所示）。

图T-4　白色乳胶漆材质的调整及渲染效果

案例总结及目的:

　　通过学习亮釉陶瓷材质的制作方法，在深入理解VRayMtl反射参数对整体材质调整意义的同时，明确"输出"贴图对材质表面亮度的调整作用，进而达到真正掌握亮釉陶瓷材质制造秘籍的目的。

Material

083

T-M-S
● ◆ ★

磨砂陶瓷材质

材质用途：陈设品装饰　　扩展材质：单色绒布材质

材质参数要点：●高光光泽度　●光泽度　●衰减贴图

材质分析：

磨砂陶瓷材质是集亮釉陶瓷材质之所长的又一反射特性独具魅力的材质，该材质表面反射质感委婉含蓄，与外观纹理交相辉映。所制作而成的陶罐器皿略带颗粒质感的外观正是迎合现代室内空间崇尚自然装饰理念的最佳写照，在塑造材质特性的同时，还应综合考虑实际场景的环境变化（如图T-5所示）。

图T-5　磨砂陶瓷材质渲染效果

材质参数设置：

基本参数： 设置为VRayMtl材质，调整相应基本参数（如图T-6所示）。

图T-6　磨砂陶瓷材质"基本参数"卷展栏

※ 小贴士：在"衰减"贴图反射的作用下，增添"菲涅耳反射"设置可以有效地增进磨砂陶瓷材质表面微弱反射的真实效果。

参数解密:

　　表现磨砂陶瓷材质表面委婉的质感，应用于不同通道中的"衰减"贴图是关键。其中，不同的衰减类型是体现磨砂陶瓷其边缘处朦胧变化的主要控制选项，注意"垂直/平行"与衰减贴图色彩的内在联系，结合实际情况可微调"衰减"贴图色彩及"混合曲线"（如图T-7所示）。

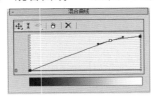

图T-7　"混合曲线"卷展栏及磨砂陶瓷材质示例球显示效果

※ 小贴士：表现陶瓷材质高光区域细节效果还需对其反射光泽度及高光光泽度参数斟酌设置，尤其对于磨砂陶瓷其参数切勿过高。

应用扩展：单色绒布材质

　　实际上，普通单色绒布材质也是在其材质编辑"漫反射"与"反射"通道中应用"衰减"贴图的制作方式，才能够凸显其绒布材料表面毛茸茸的反射效果。所以，就此技巧，可将其看做磨砂陶瓷材质的应用扩展对象，以便提升其渲染质感的整体真实性（如图T-8所示）。

图T-8　单色绒布材质的调整及渲染效果

案例总结及目的：

　　通过学习磨砂陶瓷材质制作技巧，使读者从另一个角度对"衰减"贴图有了更为理性的认识，同时主要体现在磨砂陶瓷在外界环境的影响下，物体边缘微妙的反射细节处，进而进一步确保磨砂材质其表面的渲染质量。

T

藤条材质 ———— 084

　　藤条是一种密实坚固又轻巧坚韧的材料,具有不怕挤压、柔韧、独具弹性的特征,是现如今人们钟情的天然装饰素材。所以如今大多的藤类材料,也在原有基础上也融入了现代化的工艺技术和艺术创造手段,被广泛应用于室内环境中,并作为常用的藤艺家具而盛行。其表面由于经过防毒防蛀、打光以及清漆涂刷的工艺处理,所以不仅牢固耐用,而且质地细腻、光洁。在藤条编织的痕迹中,透过漏光的孔洞,自然会在清新纯朴之间流露出现代气息与时尚韵味。

　　可见,在藤条材质制作要点中其独具的镂空特征是任何材质所无法比拟的,在近似木纹材质表面属性的影响下,二者的融合统一是需着重强调的相关技巧。在必要情况下,可以巧用"凹凸"或"置换"技巧进一步推敲。

序　号	字母编号	知识等级	用　途	常用材质	扩展材质
084	T-M-N	★	家具及陈设品装饰	模拟藤条材质	VR置换地毯材质

Material

084

T-M-N

模拟藤条材质

材质用途：家具及陈设品装饰 | **扩展材质：VR置换地毯材质**

材质参数要点：●不透明度贴图 ●凹凸贴图 ●置换修改器

材质分析：

模拟藤条材质是采用材质编辑的方法来代替复杂而烦琐的藤类家具模型的制作环节，此方法不仅省时更是表达远景藤条物体的独门绝技。但如果是要求近景写真的藤类家具，只要为其稍加置换修改，便可轻松地打造出足以乱真的藤条质感。所以，其具体的制作方法还需结合实际观察角度予以定夺（如图T-9所示）。

图T-9 模拟藤条材质渲染效果

材质参数设置：

基本参数： 将材质设置为VRayMtl材质，调整相应基本参数（如图T-10所示）。

贴图参数： 为"漫反射"、"凹凸"、"不透明度"通道添加相应贴图设置（如图T-11所示）。

图T-10 "基本参数"卷展栏

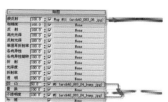

图T-11 "贴图"卷展栏

※小贴士：为了更为真实地表达出模拟藤条材质，应结合藤条纹理的贴图形式对模型添加对应的"UVW贴图"，根据实际家具造型调整坐标尺寸及类型。

置换参数： 为藤椅模型添加"VRay置换模式"修改命令，同时调整置换纹理贴图及参数（如图T-12所示）。

参数解密：

模拟藤条材质的基本参数设置可以将其看做简易木纹的再生体，但相对而言，应用于"漫反射"、"凹凸"、"不透明度"通道中的藤条位图才是最终藤椅材质表现的关键，注意各通道的位图坐标要对应，同时结合具体观察角度适当调整各通道相应的通道参数（如图T-13所示）。

图T-12 藤椅模型置换参数

图T-13 模拟藤条材质示例球显示效果

应用扩展：VR置换地毯材质

利用置换贴图通道或"VRay置换模式"修改命令还可制造出置换地毯材质，即使置换地毯的三维置换效果与模拟藤条材质相比的确简易很多，只是应用"2D贴图（景观）"类型便足以将地毯纹理刻画得近似真实，但是二者在其内在应用原理上还是存在异曲同工之妙（如图T-14所示）。

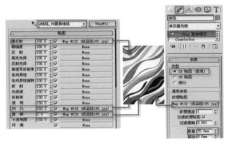

图T-14 VR置换地毯材质的调整及渲染效果

案例总结及目的：

通过学习模拟藤条材质的制作方法，从不同贴图通道角度理解相应位图叠加作用对模拟藤条材质的设置意义，从而领悟"模拟"作用下利用材质替代复杂模型创建的实用价值，以实现有效增进渲染实效的目的。

T

篇后点睛（T）

——陶瓷材质、藤条材质

材质总结：

陶瓷材质 属于室内常用的装饰材质，随处可见，表面质感与瓷砖类似，相比而言陶瓷材质更注重材质表面光滑的釉质表现，对于表面有图案的瓷片处理更应关注。藤条材质 使用频率虽然较低，但是其制作技术含量极高，巧用藤条材质可以有效避免模型段数激增的现象，同时添加适度的置换模式或贴图，足以达到以假乱真的效果（如图T-15所示）。

图T-15　陶瓷、藤条材质渲染效果

材质难点：

藤条材质 主要依靠不同形式的模拟藤条位图叠加表现，而且不同色彩的位图结合"多维/子对象"材质更可轻松渲染出多色藤条材质的缤纷层次效果（如图T-16所示）。

图T-16　多色藤条材质"多维/子对象"基本参数卷展栏及渲染效果

其中，藤条材质的表现难点主要集中在材质立体凹凸质感的表现环节，毋庸置疑，为模型添加"VRay置换模式"修改命令可以增加藤条材质的立体效果，但只使用材质模拟实际上也可以将其立体效果发挥到极致，只是贴图层次略显烦琐（如图T-17所示）。

286

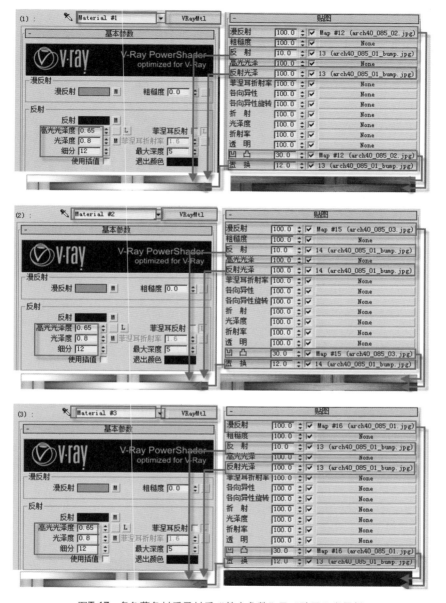

图T-17 多色藤条材质子材质"基本参数"及"贴图"卷展栏

此种材质的制作需要"漫反射"、"反射"、"反射光泽"以及"凹凸"、"置换"等多个贴图通道共同协作，同时结合"贴图坐标"，从而制作出逼真的藤条材质。

倘若在计算机硬件设备较好且模型创建较为完备的基础上，只需为藤条模型赋予简单地近似藤制或木纹的材质便可，但多层次模型与材质叠加则会更为突出对藤制效果的表现。如：本案中的装饰花篮、背景竹帘及摇椅等材质的制作（如图T-18所示）。

其中，花篮材质便是巧用赋予"衰减颜色"与"木材纹理"

图T-22 混合纹理陶瓷材质渲染效果

材质相互叠加的双层模型，来模拟藤制品随机相交的堆叠效果，但即便如此也不能忽视各种材质其重点表现的凹凸特征，这也正是此类材质突出表现的核心技巧（如图T-19、图T-20和图T-21所示）。

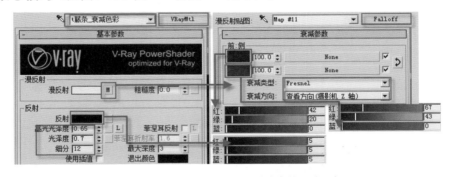

图T-19 藤条_衰减色彩材质"基本参数"卷展栏

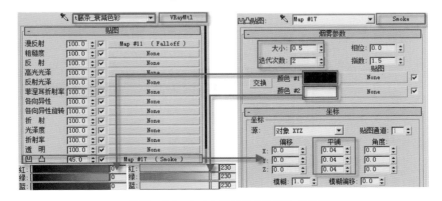

图T-20 藤条_衰减色彩材质"贴图"卷展栏

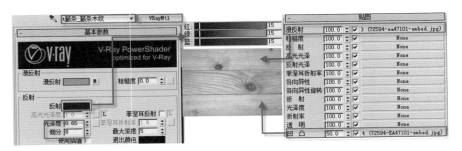

图T-21　藤条_藤条木纹材质"基本参数"及"贴图"卷展栏

技术优势：

陶瓷表面细腻光滑的釉面是材质渲染的核心，材质的反射参数直接决定陶瓷材质表面是否光滑的触感。参数设置较为简单，亮点是使用3D技术的优势将两种釉质近似的材质悄然结合，其中"混合"材质（Blend）就是极为实用的方法之一（如图T-22所示）。

图T-22　混合纹理陶瓷材质"混合"卷展栏

由此可见，陶瓷及藤条材质的调整形式多样，主要是结合整体场景及观察视口的需求，权衡渲染速度，综合调整。切忌不能一味地追求材质的精确度，因为大面积的藤条模型及置换材质都有可能会直接阻碍渲染进程，必要的情况下，可将部分复杂模型转化为"VRay代理"模型，随时调用以便提高渲染速度，本例中摇椅、竹帘等模型便是极为有力证明。

Y——液体材质
Y——油漆材质

　　液体材质种类繁多，很难归属于一门独立的材质属性，但由于应用于VRay渲染器中，其大体的调整方法还是基本相通的。主要取决于折射选项结合光照及环境影响的综合效应，此项设置与玻璃材质相似。但同时，也不能忽视每种个体材质的固有外观特征，必要情况下可使用"贴图"及"烟雾倍增"，甚至凹凸贴图叠加处理，以搭建多方位综合处理的模拟平台。所以，在此仅以饮料、酒水、冰块及池塘水面作为典型代表逐一详述，以概略地了解主要液体材质的相关设置技巧。

序　号	字母编号	知识等级	用　途	常用材质	扩展材质
085	Y-H	●	陈设品装饰	红酒材质	彩色玻璃
086	Y-P-J	●	陈设品装饰	啤酒材质	果汁材质
087	Y-K-F	●	陈设品装饰	咖啡材质	奶茶材质
088	Y-C	◆	陈设品装饰	池塘水面材质	水柱材质
089	Y-B	◆	陈设品装饰	冰块材质	土壤材质

红酒材质

Material
085
Y-H

材质用途：陈设品装饰 | 扩展材质：彩色玻璃

材质参数要点：●折射参数 ●烟雾颜色 ●烟雾倍增

材质分析：

红酒是葡萄酒的通称，以口味独特，色泽浑厚闻名于世。所以在制作此种材质时，既要确保液体材质透光属性，同时还应突出表现其外观的色彩。透过不同色彩及透明度的玻璃容器，相应酒水的液体材质也应随之变化。如本例中完全透明的玻璃杯中酒水较红酒瓶内的酒水材质应略显灰暗些，进而才可以将二者巧妙平衡（如图Y-1所示）。

图Y-1　红酒材质渲染效果

材质参数设置：

基本参数：将材质设置为VRayMtl材质，调整相应基本参数（如图Y-2所示）。

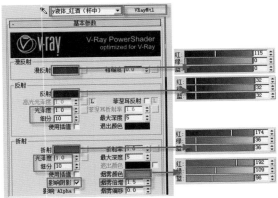

图Y-2　红酒材质"基本参数"卷展栏

参数解密：

　　红酒材质的透光色彩对于整体材质而言至关重要，所以从"漫反射"、"折射"以及"烟雾颜色"等多重角度对其加以颜色控制，增加色彩明度当然可以加重液体的色彩效果，但提高"烟雾倍增"参数会更易控制其色彩浓度，以上一切参数都要以满足场景光照条件为前提，进而才能将彩色折射透光特性充分发挥（如图Y-3所示）。

图Y-3　红酒材质示例球
　　　　显示效果

应用扩展：彩色玻璃材质

　　此种红酒材质实际上与彩色玻璃材质的调整方法极为相似，同样都是利用"烟雾颜色"进行折射透光设置，但是玻璃材质自身的反射及透光性更为明显，所以将该材质的反射及折射色彩设为白色（如图Y-4所示）。

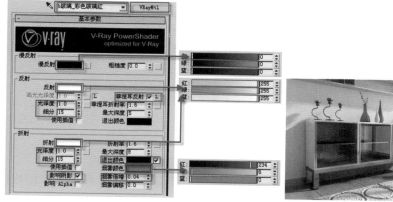

图Y-4　彩色玻璃材质的调整及渲染效果

案例总结及目的：

　　通过学习红酒材质的制作方法，促使读者对VRayMtl材质基本参数设置选项中不同色块的应用功能深入了解，结合实际场景中的环境设置需求，科学调整相应色彩变化，进而实现利用材质塑造调整物体间环境关系的目的。

086

Y-P-J

啤酒材质

| 材质用途：陈设品装饰 | 扩展材质：果汁材质 |

材质参数要点：●漫反射色块　●折射色块　●烟雾颜色

材质分析：

啤酒在色泽方面,大致分为淡色、浓色和黑色3种，但不管色泽深浅,该液体内在都是清亮透明的质感，毫无浑浊的痕迹。透过洁白细腻的酒花泡沫，散发出独特醇香的香味。所以，在制作该材质时，应注意其剔透质感液体自身由内至外的色彩变化（如图Y-5所示）。

图Y-5　啤酒材质渲染效果

材质参数设置：

基本参数： 设置为VRayMtl材质，调整相应基本参数（如图Y-6所示）。

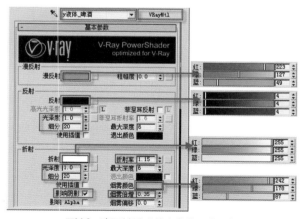

图Y-6　啤酒材质"基本参数"卷展栏

参数解密：

仅通过观察啤酒材质VRayMtl基本参数便可预知，成就该液体材质的关键是衔接不同区域的色块。结合场景环境关系，应适度降低"反射"效果的同时，提升"折射"变化关系，进而才能凸显"漫反射"与"烟雾颜色"鲜艳色块对材质最终渲染效果的控制作用（如图Y-7所示）。

图Y-7　啤酒材质示例球
　　　　显示效果

※ 小贴士：必要时可适度为其添加"焦散"效果，以增添液体材质与周围环境变化的层次关系。

应用扩展：果汁材质

啤酒材质实际上与许多有色液体材质的制作方法十分相似，如红酒、果汁、汽水等，它们都是通过反复调整其基本参数中的主要控制色块，最终形成其特有的色彩变化（如图Y-8所示）。

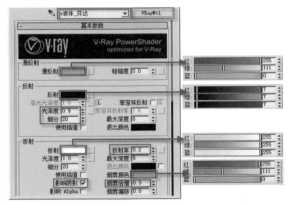

图Y-8　果汁材质的调整及渲染效果

案例总结及目的：

通过学习啤酒与果汁材质的制作方法，使读者由浅及深地对不同有色液体的细节调整更为了解，同时还可利用VRay所特有的"焦散"效果，最终塑造出图面色彩丰富的层次变化关系。

Materiat

087

Y-K-F
● ◆ ★

咖啡材质

| 材质用途：陈设品装饰 | 扩展材质：奶茶材质 |

材质参数要点：●高光光泽度 ●反射光泽度 ●凹凸贴图

材质分析：

咖啡自古以来远销世界各地，其风味及外观形态早已被人们所熟知。虽说此种材质也属液体材质，但由于其具有几乎不透明的外部特征，所以不适于单纯依靠VRayMtl基本参数色块调整的设置方法。因此，在必要的情况下，还应再为其添加相应的位图贴图，进而才能增强液体咖啡外观的真实质感（如图Y-9所示）。

图Y-9 咖啡材质渲染效果

材质参数设置：

基本参数： 在设置为VRayMtl材质的前提下，调整反射参数（如图Y-10所示）。

贴图参数： 分别设置不同贴图通道的位图贴图（如图Y-11所示）。

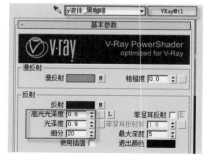

图Y-10 黑咖啡材质"基本参数"卷展栏

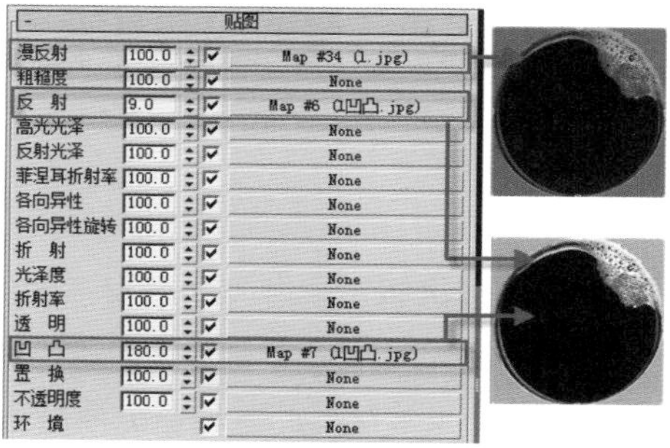

图Y-11 黑咖啡材质"贴图"卷展栏

双向反射分布函数： 结合"多面"反射形式，调整其高光效果（如图Y-12所示）。

参数解密：

黑咖啡材质几乎不具备透明效果，为提高渲染速度也可暂不调整折射参数。适度降低"高光光泽度"与"反射光泽度"参数强化反射高光效果，但最终体现杯中液体与泡沫之间的立体层次变化，还不能忽视"凹凸通道"中相应黑白位图的调整作用（如图Y-13所示）。

图Y-12 "双向反射分布函数"卷展栏

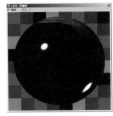

图Y-13 示例球显示效果

应用扩展：奶茶材质

应用同一种设置原理，还可以制作很多的非透明且具有立体效果的液体材质，结合实际场景环境效果适度微调"高光光泽度"和"反射光泽度"，便可塑造出奶茶、奶咖啡等一系列近似材质（如图Y-14所示）。

图Y-14 奶茶材质的调整及渲染效果

案例总结及目的：

本例通过讲解黑咖啡与奶茶材质的制作方法，突出VRayMtl材质"高光光泽度"和"反射光泽度"参数设置的重要作用，同时要结合实际液体表面的立体变化，精细设置其凹凸纹理，进而解决此材质缺乏三维变化的缺憾。

池塘水面材质

| 材质用途：陈设品装饰 | 扩展材质：水柱材质 |

材质参数要点：●反射参数 ●折射参数 ●菲涅耳反射 ●噪波贴图

材质分析：

由于池塘水面材质不仅具备普通液体材质清澈透明的固有属性，而且还兼具起伏不平的立体波浪效果，所以此种材质应配合"噪波"贴图来模拟三维立体的变化细节，这样的材质调整步骤虽然相对较为复杂，但也是充分挖掘材质制作诀窍的集中体现（如图Y-15所示）。

图Y-15　池塘水面材质渲染效果

材质参数设置：

基本参数：在设置为VRayMtl材质的前提下，调整反射参数（如图Y-16所示）。

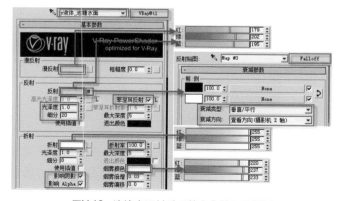

图Y-16　池塘水面材质"基本参数"卷展栏

贴图参数：为"凹凸"通道添加"噪波"贴图，以增强水面的立体波纹变化（如图Y-17所示）。

参数解密：

调整池塘水面材质重要参数相对较多，比如，结合"衰减"贴图设置"菲涅耳反射"便是体现水面倒影前虚后实效果的关键；另外，还应加大"折射率"以强化水面的折射效应；最终结合水面模型的比例添加"噪波"贴图，注意噪波纹理大小，以适应水面的凹凸变化（如图Y-18所示）。

图Y-17　池塘水面材质"贴图"卷展栏

图Y-18　池塘水面材质示例球显示效果

应用扩展：水柱材质

运用同一种设置方法，还可以设置流水水柱材质，但其凹凸通道的"噪波"纹理大小应与模型及周边环境的折射效应相统一，所以会略微有所变动（如图Y-19所示）。

图Y-19　水柱材质的调整及渲染效果

案例总结及目的：

本例通过讲解池塘水面材质的制作方法，重点突出结合水面模型的比例在"凹凸"通道中所设置的"噪波"贴图，又一次验证了利用材质表现模型三维立体效果的巧妙原理，从而达到提升渲染效率的目的。

Materiat

089
Y-B
● ◆ ★

冰块材质

材质用途：陈设品装饰 ｜ 扩展材质：土壤材质

材质参数要点： ●高光光泽度 ●反射光泽度 ●噪波贴图

A B C D G J K L M P R S T Y Z

材质分析：

冰块分为很多种，在室内效果图中常见的是用来放在饮料中的小型食用冰。冰块表面晶莹剔透，是装点局部餐饮环境的点睛之笔。不论从其外观特征还是制作技巧而言，冰块可以算是液体材质的一种，所以它与起伏不平的水面材质制作方法极为相似，都是巧妙运用"噪波"贴图的杰作（如图Y-20所示）。

图Y-20 冰块材质渲染效果

材质参数设置：

基本参数： 在设置为VRayMtl材质的前提下，调整反射参数（如图Y-21所示）。

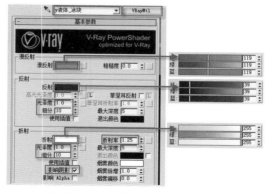

图Y-21 冰块材质"基本参数"卷展栏

贴图参数： 为凹凸通道添加"噪波"贴图，以模拟冰块表面及内部凹凸起伏的变化（如图Y-22所示）。

参数解密：

冰块材质其自身"漫反射"与"反射"变化都不是其中的难点，所以可以简单微调，而"折射"与"凹凸"通道中的"噪波"贴图，才是需要强调关注的重点。其中，"噪波参数"要与冰块模型尺寸对应，以形成变化协调的立体外观形态（如图Y-23所示）。

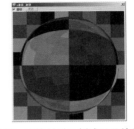

图Y-22　冰块材质"贴图"卷展栏　　　　　图Y-23　冰块材质示例球显示效果

应用扩展：土壤材质

"噪波"贴图应用凹凸通道中，可以模拟许多表面具有起伏变化的物体，而且所形成微妙的变化是其他近似机理无法比拟的。如池塘水面材质、土壤材质等。其中土壤材质其凹凸变化更加复杂，是结合"混合"贴图后，叠加"噪波"贴图的效果，所以其内在的起伏变化才会更为丰富（如图Y-24所示）。

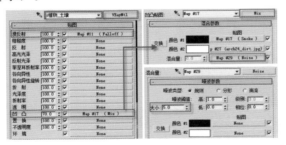

图Y-24　土壤材质的调整及渲染效果

案例总结及目的：

本例通过讲解冰块材质的制作方法，再次深化"噪波"贴图应用于凹凸通道中对于制作模型细节立体变化的重要意义，但切记噪波参数大小变化与整体模型比例要对应，以便最终达到巧用材质的目的。

油漆材质 —————090-092

　　虽然迄今为止油漆的起源尚无定论，但当今的油漆多是用氧化铁或树脂等原料制作而成的，是用于装饰和保护物品外观的主要涂料。所以，油漆材质是多数室内家具所常用的"外衣"，从其外观上大体可分为混油与清油两种。由于清油材质在木纹材质章节已经逐一归类且详述，所以在此不再赘述。下面所涉及的油漆材质是指用于装饰室内家具及装饰物等外观，且表面具有较强覆盖力的各种油漆，也就是业内俗称的混油油漆。

　　即便如此，结合家具及装饰物的外观造型，其加工工艺也有所区别，可分为涂刷、喷涂甚至烤漆等处理手段。所以在此便选择其中具有代表意义的普通白色油漆材质、仿旧龟裂漆面材质及烤漆材质加以详述。

序　号	字母编号	知识等级	用　途	常用材质	扩展材质
090	Y-P-B	●	家具装饰	普通白油漆材质	普通蓝油漆材质
091	Y-F	◆	家具装饰	仿旧龟裂漆面材质	暗纹漆面材质
092	Y-K-B	◆	家具装饰	烤漆玻璃材质	烤漆木料材质

普通白油漆材质

材质用途：家具装饰　　扩展材质：普通蓝油漆材质

材质参数要点：●菲涅耳反射　●输出贴图

材质分析：

普通油漆材质，早已以其丰富的色彩变化及易清洁耐腐蚀的优势闻名于室内装饰市场。一般在涂刷此类油漆前，木料表面已经过加工处理，随后再反复喷涂后，可以有效地弥补天然木料无法避免纹理瑕疵的缺憾，而且漆面效果光滑平整，在周边环境的影响下，反射质感细腻自然。因此，逼真模拟此类材质其主要的制作要点便集中在漆面反射及色彩设置上，尤其对于白色漆面而言，可适度为其添加"输出"参数，以强化漆面自身的固有色特征（如图Y-25所示）。

图Y-25　普通油漆材质渲染效果

材质参数设置：

基本参数： 将材质设置为VRayMtl材质，调整相应基本参数（如图Y-26所示）。

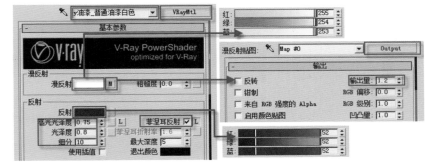

图Y-26　普通白色油漆材质"基本参数"卷展栏

参数解密：

在"固有色"贴图通道中添加"输出"贴图，不仅可以强化白色油漆材质表面的光亮质感，而且还能适度控制整体环境对该材质的色溢变化。可见，"输出量"参数是切实掌控该普通白色油漆材质渲染色彩的关键，但与此同时也不能忽视其具体反射参数对整体外观的影响（如图Y-27所示）。

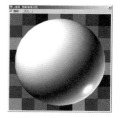

图Y-27　普通白色油漆材质示例球显示效果

应用扩展：普通蓝油漆材质

实际上，任何油漆材质的外观表现核心始终都不能摆脱反射参数对其的约束作用。为了更为真实地凸显其细腻的反射光感，结合漆面的外观颜色对其反射参数控制应适度微调，色彩越深的漆面其反射色块也应随之加重，以忽略过度的反射变化。同时还应为其添加"菲涅耳反射"控制，从而才能更好地体现其真实的渲染效果（如图Y-28所示）。

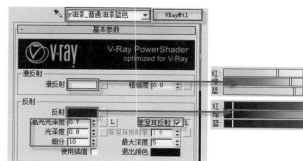

图Y-28　普通蓝色油漆材质的调整及渲染效果

案例总结及目的：

通过学习普通油漆材质的制作方法，能够举一反三真正掌握反射参数调整的技巧，切实理解反射色块及参数对VRayMtl材质不寻常的作用。同时，能够结合环境及油漆表面的色彩要求，选择如同"输出"贴图一样更具烘托表现力的制作技巧。

091

Y-F

下载：源文件\材质\Y\091

仿旧龟裂漆面材质

材质用途：**家具装饰** ｜ 扩展材质：**暗纹漆面材质**

材质参数要点：●菲涅耳反射 ●凹凸贴图
●双向反射分布函数

材质分析：

仿旧龟裂漆面材质，其家具或装饰品表面多是经过做旧打磨或是处理成龟裂纹理甚至掉漆的外观形象，所体现出仿旧或怀旧风格的艺术效果。所以制作此材质应在确保油漆哑光材质固有属性的基础上，还要充分考虑其外在的凹凸纹理，注意凹凸贴图与光线变化的内在联系，结合家具实体结构造型应为其添加适宜的"UVW贴图"，以便可以合理地将其特色纹理展现出来（如图Y-29所示）。

图Y-29 仿旧龟裂漆面材质渲染效果

材质参数设置：

基本参数：设置为VRayMtl材质，调整相应基本参数（如图Y-30所示）。

双向反射分布函数：结合"多面"反射形式，调整其高光效果（如图Y-31所示）。

图Y-30 "基本参数"卷展栏

图Y-31 "双向反射分布函数"卷展栏

贴图参数：分别设置不同贴图通道相应位图贴图（如图Y-32所示）。

参数解密：

渲染油漆材质首先要确保其真实反射固有属性，为其添加"菲涅耳反射"，同时加深凹凸贴图内凹参数，综合处理后才能更为真实地表现油漆表面凹凸反射与视点角度之间的微妙关系（如图Y-33所示）。

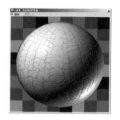

图Y-32 "贴图"卷展栏　　　　图Y-33 示例球显示效果

应用扩展：暗纹漆面材质

暗纹漆面材质与上述材质渲染效果近似，所以其制作方法也是基本相同的，只不过其内陷的凹凸纹理是通过不同形式的黑白纹理，结合其自定义固有漆面颜色叠加调整而成的，所以相应设置方法及表现效果也更为多变（如图Y-34所示）。

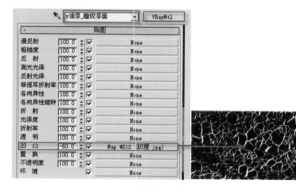

图Y-34 暗纹漆面材质的调整及渲染效果

案例总结及目的：

通过学习仿旧龟裂漆面材质的制作方法，使读者进一步掌握凹凸贴图结合材质固有反射，及相应环境灯光的设置原则，从中挖掘材质特有优势实现立体细节造型的目的。

A
B
C
D
G
J
K
L
M
P
R
S
T
Y
Z

Material

092

Y-K-B

● ◆ ★

下载：源文件\材质\Y\092

烤漆玻璃材质

| 材质用途：**家具装饰** | 扩展材质：**烤漆木料材质** |

材质参数要点：●高光光泽度　●反射光泽度　●衰减贴数

材质分析：

　　烤漆材质是在加工处理平整的基材上，经过数次底漆与面漆处理，随后在无尘恒温烤房中烘干而得到的新型装饰材质。此种工艺应用于不同基材，相应所获得的效果也是各具风采的。常被用于木料与玻璃材料上，进而形成烤漆木门板及烤漆或背漆玻璃，由于其外观图案及色彩选择宽泛，装饰性强，所以近些年在室内装饰市场上被广为使用。该漆面光滑，反射效果也相应明显，所以对其反射参数设置要经过斟酌推敲（如图Y-35所示）。

图Y-35　烤漆玻璃材质渲染效果

材质参数设置：

　　基本参数： 在设置为VRayMtl材质的前提下，调整反射参数（如图Y-36所示）。

图Y-36　烤漆玻璃材质"基本参数"卷展栏

※ **小贴士：** 适度调整反射通道中衰减贴图的"混合曲线"，以便加强烤漆玻璃材质的反射力度（如图Y-37所示）。

参数解密：

　　烤漆玻璃材质其基材虽为玻璃质地，但通过烤漆工艺加工已失去玻璃透光
特性，所以材质设置可暂不考虑折射选项，其光滑的表面特征主要是通过反射
特效加以模拟的，所以应结合环境灯光重点把握高光光泽度与反射光泽度的细
节深入（如图Y-38所示）。

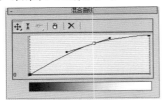

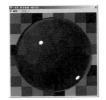

图Y-37　衰减贴图的"混合曲线"卷展栏　　　　图Y-38　烤漆玻璃材质示例球显示效果

应用扩展：烤漆木料材质

　　适度调节"高光光泽度"和"反射光泽度"同样可模拟烤漆木料材质，如
钢琴漆工艺便是烤漆工艺的一种，由于此种漆面经过高温烘烤，所以漆层坚固
光亮，给人以奢华的艺术美感（如图Y-39所示）。

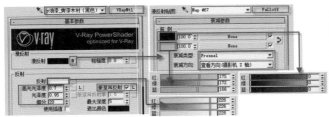

图Y-39　烤漆木料材质的调整及渲染效果

　※ 小贴士：适度降低反射光泽度可以有效塑造烤漆木料材质，区别于玻璃材质的朦胧
反射质地。

案例总结及目的：

　　本例通过制作烤漆材质，使读者加深对VRayMtl材质"高光光泽度"和
"反射光泽度"参数设置技巧的理解，从中总结出刻画材质反射细节的有效经
验，进而将烤漆材质更为真实地融入整体环境之中，条件欠缺时可采用HDIR高
动态环境贴图予以补充。

篇后点睛（Y）

——液体材质、油漆材质

下载：\源文件\Y\篇后点睛（Y）——液体材质、油漆材质

材质总结:

液体材质 与 油漆材质 看似毫不相关,实际上两类材质都是主要依靠VRayMtl材质"基本参数"中反射与折射原理得以实现的材质。其中折射凹凸效果及"烟雾倍增"是突出表现液体材质的关键,而反射原理对于表面质感极为苛求的油漆材质而言,同样更是重中之重(如图Y-40所示)。

图Y-40 液体、油漆材质渲染效果

材质难点:

实际上,对于任何一种液体而言,除了巧用折射原理表现透明质感以外,制作逼真材质的关键是不能忽视液体颜色对其制约作用。结合整体场景的灯光及"烟雾倍增"数值可以真实地模拟出不同色彩的液体材质,红酒、柠檬茶、香水等材质 应该都是此原理的杰作。切忌不可一味地依赖材质模板,尤其是对于"烟雾颜色"及"烟雾倍增"数值而言,微调的数值在不同的光环境下很有可能会出现极为多变的特殊效果,二者需要综合考虑从而得到更为协调的设置平衡点(如图Y-41和图Y-42所示)。

图Y-41 柠檬汁材质"基本参数"卷展栏及渲染效果

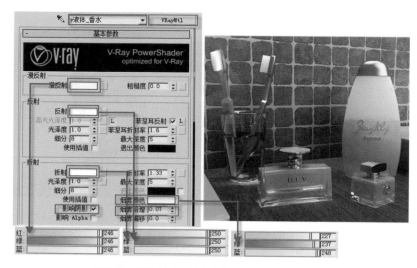

图Y-42 香水材质"基本参数"卷展栏及渲染效果

反射与折射参数对于VRayMtl材质而言,通常会充当其决定性的核心角色,对于反射特征极为重要的油漆及折射质感异常明显的水面材质而言,二者的位置更是举足轻重(如图Y-43所示)

图Y-43 油漆材质渲染效果

区分烤漆木材与烤漆玻璃最为关键的设置主要都是集中于反射参数上,结合"高光光泽度"及"光泽度"等细节参数,必将直接影响整体材质的反光细节。必要情况下,可以添加"菲涅耳反射"或"衰减贴图",以增强更为真实的反射特征(如图Y-44和图Y-45所示)。

图Y-44 普通白色油漆材质"基本参数"卷展栏

图Y-45 烤漆玻璃材质"基本参数"卷展栏

技术优势：

应用VRayMtl材质的折射原理，不仅可以塑造出晶莹剔透的玻璃材质，而且可以逼真地呈现清澈见底的水面及透明肌理多变的冰块材质。在"玻璃"及"香水"等透明材质的基础上，将此折射技术继续延展，在其凹凸通道中增加合适的立体"噪波"贴图，最终以呈现出起伏变化真实且独具特殊折射效果的水面及冰块材质（如图Y-46所示）。

图Y-46 冰块材质渲染效果

其中，噪波的"大小"参数是决定水面与冰块波纹平面大小的关键，同样凹凸通道参数也是决定两者立体起伏力度的主要因素，具体数值需要结合不同的单位设置比例，灵活掌握。此种通过材质模拟方法所制作的冰块或水面材质，不仅节省了大量烦琐的模型制作环节，更重要的是减少了文件运行面数，可以有效提高渲染速度及质量（如图Y-47所示）。

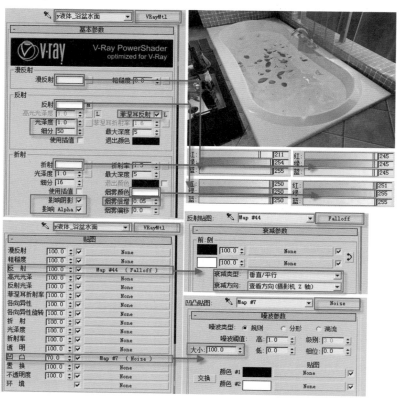

图Y-47　水面材质"基本参数"、"贴图"卷展栏及渲染效果

可见，无论液体材质还是油漆材质其设置环节都是建立在极为普通的VRayMtl材质基础之上的，并无复杂的多重材质加以穿插，若再对其细节的"反射"及"折射"参数加以微调，同时适当添加少许凹凸变化，将会呈现出令人眼前一亮的逼真材质。

Z——植物材质
Z——纸张材质

Z

植物材质 ———— 093-097

　　在效果图中表现绿色植物，其方法大体分为两种：其一是利用Photoshop软件粘贴照片以模拟真实场景；其二则是通过3ds Max制作模型并为其赋予层次分明的VRay材质予以表现。两种方法各具优势，后者相对于前者而言虽然表现速度稍显逊色，但其最终表现效果往往更加逼真。后者要根据实际观察角度来选用完全材质模拟或材质与模型兼具的处理方法。多数情况下需要近景写真的绿色植物模型都是由许多必要的组成分支集中构成的，如花瓣、叶子、土壤以及根茎等，下面将对其各部分细节材质逐一详述，从中重点总结出更为科学的制作方法。

序　号	字母编号	知识等级	用　途	常用材质	扩展材质
093	Z-H-B	●	陈设品装饰	花瓣材质	渐变花瓣材质
094	Z-Y	◆	陈设品装饰	叶子材质	菠萝叶材质
095	Z-T-R	★	陈设品装饰	土壤材质	VR毛发流苏地毯材质
096	Z-G	●	陈设品装饰	根茎材质	立体丝绒材质
097	Z-T-K	◆	陈设品装饰	透空植物材质	透空叶片材质

花瓣材质

Materiat

093

Z-H-B

● ◆ ★

材质用途：陈设品装饰	扩展材质：渐变花瓣材质

材质参数要点： ●折射参数 ●衰减贴图 ●渐变坡度贴图

材质分析：

花瓣是组成花冠的片状体，具有保护花内部的功能。其外观不仅色彩斑斓，而且多数花瓣的表面上还具有显著的斑纹，这些都是制作该材质应该着重强调的细节变化。此物体材质，主要使用"贴图"及"渐变坡度"两种方法加以模拟。在合适的情况下，还应结合场景变化对其略带透明的质感加以精细刻画（如图Z-1所示）。

图Z-1　贴图花瓣材质渲染效果

材质参数设置：

基本参数：将材质设置为VRayMtl材质，调整相应基本参数（如图Z-2所示）。

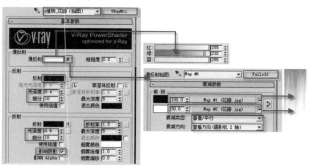

图Z-2　贴图花瓣材质"基本参数"卷展栏

贴图参数：分别设置不同贴图通道的相应位图贴图，注意其贴图参数设置（如图Z-3所示）。

317

参数解密：

利用贴图表现花瓣材质的关键取决于所选用的花瓣贴图，为了表现其渐变的半透空花瓣效果，可在"漫反射"通道中选用"衰减"贴图叠加相应纹理图案；同样"折射"与"凹凸"通道中的纹理贴图，也是进一步表现其细节的深化体现（如图Z-4所示）。

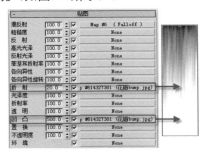

图Z-3 贴图花瓣材质"贴图"卷展栏　　　　图Z-4 贴图花瓣材质示例球显示效果

应用扩展：渐变花瓣材质

如同苹果、橙子等材质编辑原理一样，此花瓣材质也可以在缺少位图资源的情况下，巧妙使用"渐变坡度"自定义材质色彩。此种方式不仅可以兼顾其固有色彩，而且其表面透明及斑纹特性同样还可保留（如图Z-5所示）。

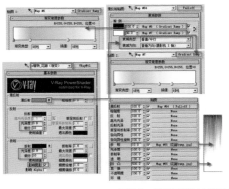

图Z-5 渐变花瓣材质的调整及渲染效果

案例总结及目的：

通过学习以上两种制作花瓣材质的方法，引导读者从不同贴图通道角度来深入模拟花瓣材质的细节变化，如花瓣半透及表面凹凸斑痕的特殊质感，以最终实现对"衰减"及"坡度渐变"等命令巩固记忆的目的。

094

Z-Y

● ◆ ★

叶子材质

材质用途：陈设品装饰	扩展材质：菠萝叶材质

材质参数要点： ●折射参数 ●衰减贴图 ●渐变贴图

材质分析：

　　叶子是植物叶的总称，是植物的营养载体，更是植物进行光合作用的主要器官，可见叶子对于任何绿色植物都是不可或缺的，所以该材质更是表现植物逼真效果的关键。虽然不同植物叶子的外观略有差别，但倘若拥有相应的叶面贴图，通过不同通道的叠加，层次纹理清晰且色彩多变的不同叶子材质，随即便可轻松塑造（如图Z-6所示）。

材质参数设置：

　　基本参数： 设置为VRayMtl材质，调整相应基本参数（如图Z-7所示）。

图Z-6　叶子材质渲染效果

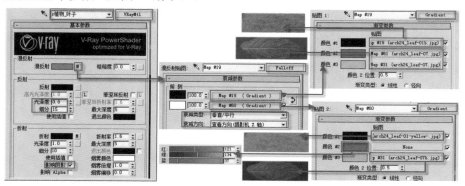

图Z-7　叶子材质"基本参数"卷展栏

※ 小贴士：不同的叶子位图通过渐变及衰减贴图进行叠加，进而在兼顾肌理变化的同时形成逐渐变化的色彩纹样，必要时可调整贴图的坐标及"裁剪/放置"形式，以便更清晰地展现其丰富的色彩。但如果偶遇贴图资源匮乏的情况，在不影响细节变化的情况下也可使用"渐变"色彩加以微调（如图Z-8所示）。

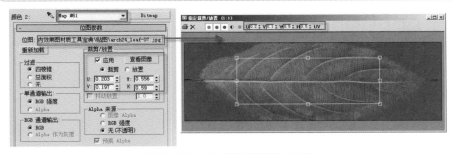

图Z-8　叶子材质"位图参数"卷展栏

贴图参数：分别设置不同贴图通道的相应位图贴图，注意其贴图参数设置（如图Z-9所示）。

参数解密：

叶子材质之所以能够渲染出层次多变的视觉效果，在此通过"渐变"与"衰减"贴图通道而叠加的叶子贴图，是其中起到引领作用的主宰者。其次，利用添加凹凸及折射贴图而提升叶脉区域的局部透明质感，也是此材质制作的又一亮点（如图Z-10所示）。

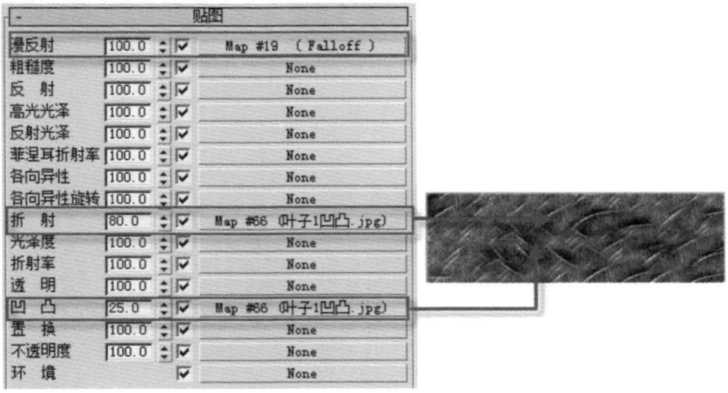

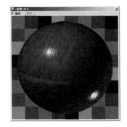

图Z-9　叶子材质"贴图"卷展栏

图Z-10　叶子材质示例球
显示效果

应用扩展：菠萝叶材质

既然将此材质统称为叶子，那么多数植物的绿叶材质制作方法也都是相通的，只不过具体的叶面贴图会根据三维模型所表达的最终立体效果有所区别。比如，菠萝叶材质便是在更换贴图的基础上，取消叶面表层的透明变化，进而

320

才能使整体效果更为逼真（如图Z-11所示）。

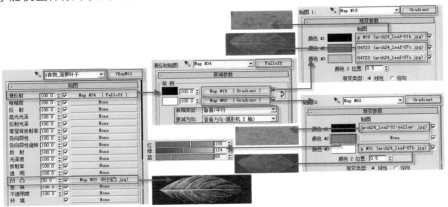

图Z-11　菠萝叶材质的调整及渲染效果

案例总结及目的：

　　通过学习叶子材质的制作方法使读者进一步理解"渐变"与"衰减"贴图的应用原理，从中深入领会不同贴图通道应用相应贴图的叠加作用，在逼真展现渲染效果的同时实现科学应用材质的目的。

Materiat

095

Z-T-R

● ◆ ★

土壤材质

材质用途：陈设品装饰	扩展材质：VR毛发流苏地毯材质

材质参数要点：●衰减参数 ●混合贴图 ●烟雾贴图
●噪波贴图 ●VRay毛发

材质分析：

　　土壤是由一层层厚度各异的矿物质成分所组成大自然主体。所以，土壤材质的制作焦点集中在体现起伏凹凸不平的内在肌理上。为了将此多变的视觉效果表现得更为真实，该材质需要多种贴图类型相互叠加，甚至为追求近景的写实效果，还可为其适度添加少许VRay毛发绿草，以模拟隐约可见的苔藓杂草，进而在不经意间流露出更为灵动的艺术情趣（如图Z-12所示）。

图Z-12　土壤材质渲染效果

材质参数设置：

　　土壤材质基本参数：在设置为VRayMtl材质的前提下，调整反射参数（如图Z-13所示）。

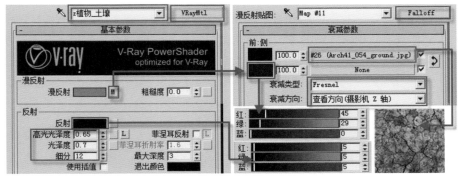

图Z-13　土壤材质"基本参数"卷展栏

土壤材质贴图参数：分别设置不同贴图通道的位图贴图（如图Z-14所示）。

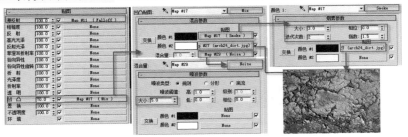

图Z-14　土壤材质"贴图"卷展栏

　　VR毛发土壤参数：为该"土壤"模型制作相应VR毛发物体，并调整参数（如图Z-15所示）。

　　VR毛发土壤绿草基本参数：为相应VR毛发土壤绿草调整基本参数，以明确其色彩设置（如图Z-16所示）。

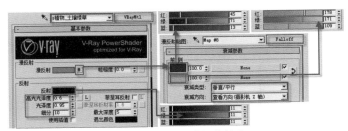

图Z-15　土壤模型
"VR毛发"修改面板

图Z-16　VR毛发土壤绿草材质
"基本参数"卷展栏

参数解密：

　　制作土壤材质的秘籍是不同类型的贴图反复叠加，进而形成层次多变的混合效果。其中要注意衰减、混合、烟雾、噪波等贴图的大小参数，不仅尺寸要呼应，而且还应根据位图形式将各层贴图的顺序调整清晰（如图Z-17所示）。

图Z-17　土壤材质及土壤绿草材质示例球显示效果

　　虽然仅通过近似土壤贴图的相互叠加便可以模拟土壤材质，但其中却缺少了一个较为重要的制作环节，便是利用VRay毛发来模拟土壤绿草。实际上运用VRay毛发还可以模拟许多其他的细节材质，如地毯材质的毛绒织物甚至织物周边的流苏材质等，但各种毛发都要根据其模型外观细节来综合处理其相应毛发参数（如图Z-18所示）。

图Z-18　VR毛发流苏地毯材质参数调整及渲染效果

　　本例通过讲解土壤材质的制作方法，突出衰减、混合、烟雾、噪波等贴图的应用原理，运用不同贴图的程序叠加过程，进而塑造出由内至外的肌理多变形态，并结合运用VRay毛发，最终刻画出土壤材质近景写实的视觉效果。

096

Z-G

● ◆ ★

Material

根茎材质

| 材质用途：陈设品装饰 | 扩展材质：立体丝绒材质 |

材质参数要点： ●衰减参数 ●凹凸贴图 ●置换贴图

材质分析：

盆景艺术堪称是富有自然情趣的东方艺术精品，其中树桩盆景多数以其奇特的根茎闻名于世。所以制作此类材质时，应在兼顾其根茎外观立体凹凸造型肌理的前提下，充分发挥自身固有纹理的渐变效果。结合衰减贴图深入挖掘其两种甚至多种树干纹理有机组合的天然形态（如图Z-19所示）。

图Z-19 根茎材质渲染效果

材质参数设置：

贴图参数： 在设置为VRayMtl材质的前提下，为其相应通道添加贴图，并调整参数（如图Z-20所示）。

图Z-20 根茎材质"贴图"卷展栏

※小贴士：由于根茎材质几乎不具备反射特性，所以该材质的基本参数可保持默认不变。

参数解密：

毋庸置疑，凸显根茎材质立体变化的直接引线是"凹凸"及"置换"贴图，但也正是由于此制作程序而导致材质渲染速度降低。所以，倘若渲染远景观察视图，需要将"漫反射"贴图纹理制作精细，另外还需对其"衰减贴图"所添加的位图图像反复推敲（如图Z-21所示）。

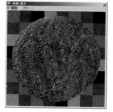

图Z-21　根茎材质示
例球显示效果

应用扩展：立体丝绒材质

两种纹样形式相互呼应的位图，在"漫反射"通道中通过"衰减"贴图彼此叠加，进而形成外观形态巧妙混合的多层次视觉效果。如立体丝绒、花瓣及土壤等，表面纹理较为复杂的渐变材质都是采用此种调整形式（如图Z-22所示）。

图Z-22　立体丝绒材质的调整及渲染效果

案例总结及目的：

本例通过讲述根茎材质的制作方法，使读者在掌握利用"凹凸"及"置换"贴图命令辅助创建三维模型细节深入的同时，再次领略"衰减"贴图综合材质自身纹理变化的潜质，以实现单一理论命令多样化的学习目的。

透空植物材质

097

Z-T-Z

材质用途：陈设品装饰　|　扩展材质：透空叶片材质

材质参数要点：● "十字"相交模型　●不透明贴图

材质分析：

透空植物材质，是一种几乎完全依靠贴图来模拟制作植物的材质制作方法。此方法最终渲染效果较分体模型材质编辑方式而言，虽然细节上不太使人满意，但整体的渲染速度还是其他方式无法达到的。因此，综合而言此材质设置方法更多地适用于远景观察视图或复杂模型制作，以便凸显其简易"十字"模型面型数量精炼的优势（如图Z-23所示）。

图Z-23　透空植物材质渲染效果

材质参数设置：

基本参数：在设置为VRayMtl材质的前提下，为相应贴图通道设置位图，并调整参数（如图Z-24所示）。

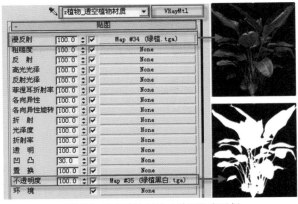

图Z-24　透空植物材质"贴图"卷展栏

参数解密：

　　制作透空植物材质的关键除了要在"漫反射"与"不透明度"通道中设置相应贴图以外，还要结合贴图比例创建出尺寸合理的"十字"相交模型，最终才能实现运用贴图纹样塑造出近似真实的透空植物材质（如图Z-25和Z-26所示）。

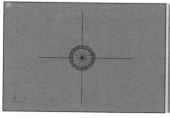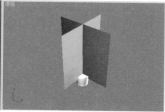

图Z-25　透空植物模型视图显示效果

图Z-26　透空植物材质示
例球显示效果

应用扩展：透空叶片材质

　　同样是应用该"透空材质"制作原理，还可塑造出更多的异性模型，如冰裂纹玻璃材质、透空圆形地毯、人像小景以及透空叶片等材质。它们都是使用"不透明度"通道中的黑白纹样位图作为透空通道，结合漫反射固有彩色贴图，在省去制作模型烦琐程序的基础上，实现近似真实的渲染效果（如图Z-27所示）。

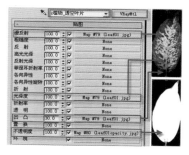

图Z-27　透空叶片材质的调整及渲染效果

案例总结及目的：

　　本例通过讲解透空植物材质的制作方法，使读者从中领悟黑白纹理贴图应用于"不透明度通道"中的制作原理，理解利用此设置方法对制作远景模型的重要意义，同时科学制作模型，以最终实现复杂模型在远景显示状态下质速兼备的渲染目的。

Z

纸张材质 ——— 098-100

　　造纸术是中国古代四大发明之一，是人类文明史上的一项杰出的发明创造。纸张与人们日常的文化生活息息相关，所以在室内效果图制作中无处不见。随着造纸工业的发展，纸张的生产能力不断提高，除了常见的书写用纸以外，还有一些包装、工农业技术用纸等。由于其用途的差别，相对各种纸张的厚度及表面光滑度也千差万别。至于将其体现在室内效果图画面中，从外观视效而言，应充分结合环境综合效应，在纹理及反射形式上采取科学有效地材质模拟方式给予综合处理。

序　号	字母编号	知识等级	用　途	常用材质	扩展材质
098	Z-P	●	陈设品装饰	普通书本材质	塑钢门窗材质
099	Z-F	●	陈设品装饰	反射挂画材质	人造石台面材质
100	Z-H-N	◆	陈设品装饰	花纹牛皮纸手提袋材质	文化石材质

098

Z-P
● ◆ ★

下载：源文件\材质\Z\098

普通书本材质

材质用途：陈设品装饰	扩展材质：塑钢门窗材质

材质参数要点：●菲涅耳反射　●高光光泽度
　　　　　　　●反射光泽度

材质分析：

　　普通书本材质是纸张材质中反射效应较为隐蔽的一种材质，即使带有表面镀膜的书面材质也不例外。通过添加"菲涅耳反射"可以及时有效地反映出实际场景中灯光与环境对此普通书本材质的反射效应。虽然整体的反射参数都较低，但是具体的"高光光泽度"及"反射光泽度"还需根据实际情况慎重考虑（如图Z-28所示）。

材质参数设置：

图Z-28　普通书本材质渲染效果

　　基本参数：将材质设置为VRayMtl材质，调整相应基本参数（如图Z-29所示）。

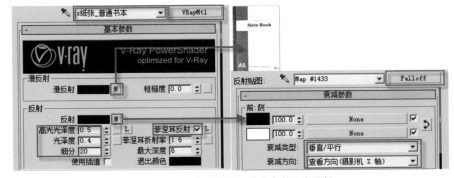

图Z-29　普通书本材质"基本参数"卷展栏

普通书本材质之所以能够准确地反映出纸张材质所特有的反射特征，主要还应归功于VRayMtl材质中"菲涅耳反射"在其中所发挥的反射作用，同时结合环境氛围可对"高光光泽度"及"反射光泽度"适度微调（如图Z-30所示）。

图Z-30　普通书本材质
示例球显示效果

应用扩展：塑钢门窗材质

应用"菲涅耳反射"同时重点微调"高光光泽度"与"反射光泽度"的制作方法不仅可以应用到普通书本材质的编辑程序上，实际上其他的许多材质也是应用此制作原理。如塑料材质甚至透明的水面材质等，其中塑钢材质就是典型的代表之一（如图Z-31所示）。

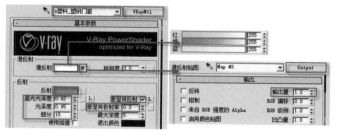

图Z-31　塑钢门窗材质的调整及渲染效果

※ 小贴士：将"菲涅耳反射（Fresnel reflections）"将其选项后面的 L 按钮弹起，进而可以调整"菲涅耳反射率（Fresnel IOR）"，可以更好地模拟真实世界的反射效果。

案例总结及目的：

通过学习以上普通书本材质的方法，使读者更为深入地掌握VRayMtl材质基本反射参数的设置方法，加强"衰减"贴图应用至"反射"通道的认识，达到举一反三以满足绘制出更多质感逼真低反射材质的需要。

反射挂画材质

| 材质用途：陈设品装饰 | 扩展材质：人造石台面材质 |

材质参数要点： ●折射光泽度 ●衰减贴图

Z-F

材质分析：

　　反射挂画，也将其归属于纸张材质是由于其内嵌纸质图片所致，但究其外观形式，其玻璃外框在灯光及周边环境的影响下，所散发出的反射效果远远超出了内嵌纸质图片的反射效应。所以无论是在材质模拟，还是模型制作上，看似层次复杂的挂画，只需将其当作简易玻璃画框即可（如图Z-32所示）。

图Z-32　反射挂画材质渲染效果

材质参数设置：

　　基本参数： 设置为VRayMtl材质，调整相应基本参数（如图Z-33所示）。

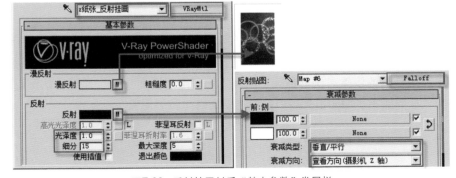

图Z-33　反射挂画材质"基本参数"卷展栏

参数解密：

反射挂画材质成功塑造的关键在于该材质的反射参数，利用"衰减"贴图可以有效反映出挂画玻璃镜框近实远虚的反射特效。将"反射光泽度"设置为"1"，可以清晰地将反射投影真实表现（如图Z-34所示）。

图Z-34　反射挂画材质示例球显示效果

应用扩展：人造石台面材质

同样是在"漫反射"与"反射"通道中分别设置相应"位图"贴图与"衰减"贴图的方法，还可以引申至很多材质制作领域，如亮光漆木纹材质、人造石台面材质等。其中，各类材质要根据自身反射效果选择不同的衰减类型（如图Z-35所示）。

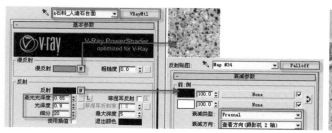

图Z-35　人造石台面材质的调整及渲染效果

案例总结及目的：

通过学习反射挂画材质的制作方法，使读者深入领略到"衰减"反射贴图对塑造材质反射非同凡响的意义，在赋予材质的同时还应充分考虑画框模型与不同材质之间的内在联系，必要时可为其添加"多维/子对象"材质，以切实达到尽量减少模型面型，提高渲染速度的目的。

Materiat

100

Z-H-N

● ◆ ★

花纹牛皮纸手提袋材质

材质用途：陈设品装饰 | **扩展材质：文化石材质**

材质参数要点：●VR混合材质　●反射参数　●噪波贴图

材质分析：

花纹牛皮纸手提袋材质，是使用"VR混合材质"加以模拟的多重材质。此设置方法主要是在凸显材质自身属性的基础上，重点强调形成花纹纹理的内在贴图程序。本例中手提袋材质便是通过具有商标图案的黑白程序贴图作为花纹纹理，以此区分出牛皮纸与烫金工艺两部分的材质形式。将此混合花纹应用程序灵活掌握，还可添加在其他任意具有混合花纹特性的材质上（如图Z-36所示）。

图Z-36　花纹牛皮纸手提袋材质渲染效果

材质参数设置：

基本参数： 在设置为"VR混合材质"材质的前提下，调整相应参数（如图Z-37所示）。

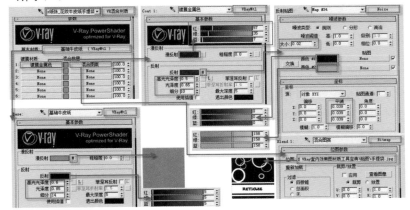

图Z-37　花纹牛皮纸手提袋材质"基本参数"卷展栏

参数解密：

此材质之所以可以通过花纹纹理区别出近乎真实的牛皮纸及烫金工艺材质，一定不能忽视"VR混合材质"所起到的主导作用。运用任意黑白混合位图都可轻松地将"基础材质"与"镀膜材质"的内在关系真实表现。在此基础上，添加"噪波"贴图还可极为真实地渲染烫金工艺表面隐约可见的反射肌理特性（如图Z-38所示）。

图Z-38　示例球显示效果

应用扩展：文化石材质

同样使用"VR混合材质"还可以绘制很多混合材质，如鹅卵石或文化石材质等。虽然这些材质的个体属性各不相同，但是此类材质都存在需要多重子材质互相叠加的共性（如图Z-39所示）。

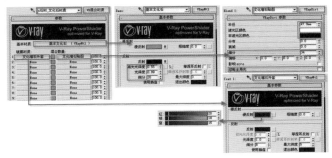

图Z-39　文化石材质参数调整及渲染效果

案例总结及目的：

本例通过讲解花纹牛皮纸手提袋材质的制作方法，使读者巩固纸张材质特有反射属性的同时，再次深入理解"VR混合材质"的编辑原理，对其设置要点灵活掌握，以实现绘制出更多近似此类多重材质的目的。

Z

篇后点睛（Z）

——植物材质、纸张材质

下载：\源文件\Z\篇后点睛（Z）——植物材质、纸张材质

材质总结:

在室内效果图中,通常情况下,植物材质和纸张材质都属于辅助材质,常常被忽略,但往往正是这些不被人注意的细节材质,会令整体画面锦上添花。效果较好的材质制作方法其制作环节多数会略显复杂,比如利用"VR混合材质"方法,制作的印花类纸质材质,对于此类不常用的材质而言,将其保存在备用材质库中则是提高制图效率的最佳选择(如图Z-40所示)。

图Z-40 植物、纸张材质渲染效果

材质难点:

图案较为复杂的手提袋材质,顾名思义该材质属于纸张材质,其基本属性表现,只要掌握减少反射的原则便可,而其中的设置难点是运用"VR混合材质"表现的图案细节。由于需要将手提袋模型里外质地加以区分,以分辨不同的纹理效果,所以要采取"多维/子对象"的设置方法对其整合(如图Z-41、Z-42和Z-43所示)。

图Z-41 花纹纸质手提袋材质"多维/子对象

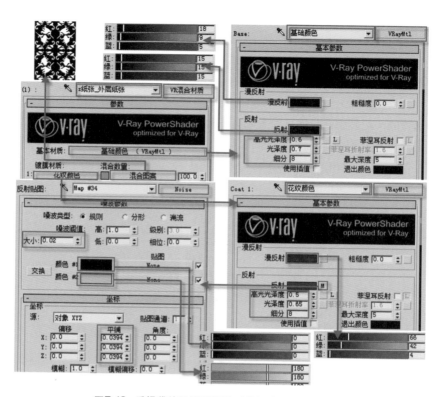

图Z-42 手提袋外层纸张材质"VR混合材质"卷展栏

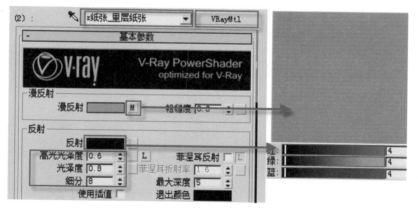

图Z-43 手提袋里层纸张材质"VRayMtl"基本参数设置

核心技巧:

　　无论是表现纸张材质还是植物材质,其中的立体细节是塑造材质细节的核心。对于比较普通的叶片材质,巧用灯光烘托,结合少许反射细节,同时再适度突出表现立体质感，便可轻松满足其基本质感需求（如图Z-44和Z-45所示）。

图Z-45 普通叶片材质渲染效果

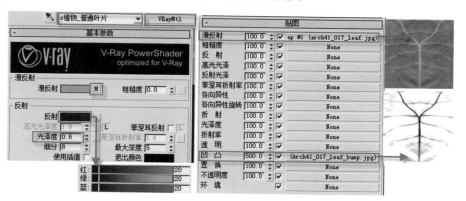

图Z-44 普通叶片材质"VRayMtl"基本参数设置

其中，凹凸参数是决定叶片模型立体细节的关键，但并不是所有的叶片贴图都具有黑白明显的凹凸贴图，倘若欠缺，应用彩色效果的叶片贴图，也是可以满足需求的。其中要注意的是适当加大凹凸通道参数设置，突出图片中的黑白色彩对比度，以加强模型立体凹凸变化。

技术优势

实际上，将此普通叶片制作原理的优势继续挖掘，普通的花瓣材质也同样可以模拟得惟妙惟肖。即使相同的贴图，应用于不同的贴图通道，所形成的最终效果也会各具千秋，若在材质贴图方面略有调整，再配合上一定的灯光及VRay特殊设置（如：VRay毛发模拟的花心细节等），所形成的花朵足可以假乱真（如图Z-46和图Z-47所示）。

图Z-46　普通叶片材质渲染效果

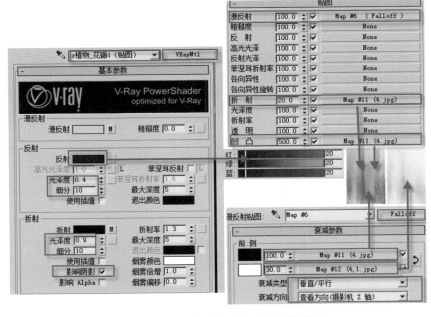

图Z-47　花瓣材质"VRayMtl"基本参数设置

　　由此可见，无论使用何种制作方法，对于这些材质表面纹理质感追求较高的材质而言，应用不同贴图通道的位图贴图对其整体的制作环节都是极为重要的，即使与"混合"材质极为相似的高难度"VR混合材质"也同样如此。所以，在条件允许的情况下，可反复尝试不同通道的细节变化，以寻求更为经典的渲染效果。